鉄筋コンクリート工学

太田 実　鳥居 和之　宮里 心一／共著

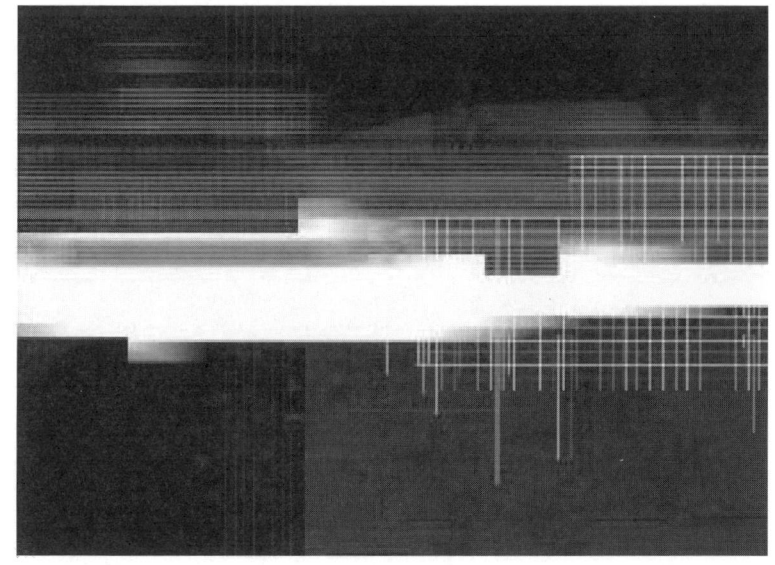

森北出版株式会社

●本書のサポート情報を当社 Web サイトに掲載する場合があります．下記の URL にアクセスし，サポートの案内をご覧ください．

http://www.morikita.co.jp/support/

●本書の内容に関するご質問は，森北出版 出版部「(書名を明記)」係宛に書面にて，もしくは下記の e-mail アドレスまでお願いします．なお，電話でのご質問には応じかねますので，あらかじめご了承ください．

editor@morikita.co.jp

●本書により得られた情報の使用から生じるいかなる損害についても，当社および本書の著者は責任を負わないものとします．

■本書に記載している製品名，商標および登録商標は，各権利者に帰属します．

■本書を無断で複写複製（電子化を含む）することは，著作権法上での例外を除き，禁じられています．複写される場合は，そのつど事前に(社)出版者著作権管理機構（電話 03-3513-6969，FAX 03-3513-6979，e-mail：info@jcopy.or.jp）の許諾を得てください．また本書を代行業者等の第三者に依頼してスキャンやデジタル化することは，たとえ個人や家庭内での利用であっても一切認められておりません．

はしがき

　従来，わが国の鉄筋コンクリート構造物の実務基準は，土木学会制定のコンクリート標準示方書を規範とし，それに当該構造物の特殊性を考慮して策定されてきた．しかし，1986年に土木学会の示方書でそれまでの許容応力度設計法に代えて限界状態設計法が採用されて以来，今なお許容応力度設計法を主体として策定されている道路橋示方書ほかの各種実務基準との設計法における乖離は大きなものとなっている．

　大学用の教科書または土木技術者用の参考書を意図して出版されている鉄筋コンクリート工学の書籍は数多にのぼるが，それらの多くは限界状態設計法のみを対象とするか，またはそれを重点的に扱った内容となっている．将来，実務基準でも設計法の主流になると考えられる限界状態設計法に重点を置くことの意義を否定するものではないが，まずは現実に今なお用いられている許容応力度設計法に十分習熟したうえで限界状態設計法にも対応できるようにしておくことが，大学生らが社会に出て違和感なく鉄筋コンクリートの実務に携われる点で好ましいことも否定できないであろう．

　本書では，許容応力度設計法と限界状態設計法とをほぼ対等に扱い，現実の設計にも将来の設計にも即応できるような構成を試みた．また，道路橋の設計などで許容応力度設計法と併用されている終局強度設計法についても1章を設け，これについては道路橋示方書における内容を主体として記述した．すなわち本書の記述は，許容応力度設計法と終局強度設計法については主として道路橋示方書に，また，限界状態設計法については全面的に土木学会示方書に準拠したものとなっている．

　昨今，各種構造物は"造る時代"から"護る時代"に入ったといわれている．既設の土木構造物のうちかなり大量のものは高度成長期に建造されたもので，それらの経年とともに遠からずそれらの補修・補強が問題となるであろうが，それらの耐力の確認や補強設計にはそれら構造物の設計が準拠した許容応力度設

計法が不可欠である．本書が許容応力度設計法をていねいに扱っているもう一つの理由はそこにある．

　設計理論の理解を深めるために，できるだけ多くの計算例を掲げるように努めた．また，自学自習の一助としていただくべく 67 題の演習問題を掲げ，巻末にそれらの略解を付した．

　著者らの浅学のため，本書の内容や表現に不備があることをおそれている．お気付きの点はぜひご指摘をいただき，本書改訂の機会に役立たせていただきたいと考えている．

2004 年 12 月

著者らしるす

目 次

第 1 章　序　論　1
　1.1　鉄筋コンクリートの原理　1
　1.2　鉄筋コンクリートの特徴　3
　1.3　設計方法の変遷　4

第 2 章　材料の設計値　7
　2.1　コンクリート　7
　2.2　鉄　筋　12

第 3 章　荷　重　15
　3.1　荷重の種類　15
　3.2　設計荷重　18
　演習問題　19

第 4 章　許容応力度設計法　20
　4.1　設計方法の概念と特徴　20
　4.2　材料の許容応力度　21
　4.3　荷　重　28
　4.4　曲げ部材の曲げ応力度および断面の算定　28
　4.5　せん断応力度の計算　47
　4.6　せん断補強鉄筋の計算と配置　52
　4.7　ねじりモーメントを受ける部材　59
　4.8　偏心軸方向力を受ける部材　62
　4.9　付着応力度の計算　70
　4.10　押抜きせん断応力度の計算　71

演習問題　73

第5章　終局強度設計法　76
5.1　設計方法の概念と特徴　76
5.2　材料の設計値　77
5.3　荷重の設計値　78
5.4　曲げ部材の破壊抵抗曲げモーメント　79
5.5　せん断力に対する安全性の保持　92
5.6　ねじりモーメントに対する安全性の保持　93
5.7　偏心軸方向圧縮力を受ける部材　94
演習問題　103

第6章　限界状態設計法　105
6.1　設計方法の概念と特徴　105
6.2　限界状態　109
6.3　材料および荷重の設計値　111
6.4　断面破壊の終局限界状態に対する安全性の検討　113
6.5　剛体安定の終局限界状態に対する安全性の検討　138
6.6　使用限界状態に対する検討　139
演習問題　148

第7章　耐震に関する検討　152
7.1　土木学会示方書・耐震設計編による検討　152
7.2　道路橋示方書・耐震設計編による検討　161
演習問題　172

第8章　一般構造細目　174
8.1　概説　174
8.2　かぶりと鉄筋のあき　174
8.3　鉄筋の曲げ形状　176
8.4　鉄筋の定着　179
8.5　鉄筋の継手　183

8.6	用心鉄筋の配置	185
8.7	打継目および伸縮目地	186
8.8	面取りおよびハンチ	187
8.9	その他	187
	演習問題	188

演習問題略解 ··· 189
付　表 ·· 192
索　引 ·· 196

第 1 章

序　論

1.1　鉄筋コンクリートの原理

1　鉄筋コンクリート

コンクリート中に**鉄筋**（reinforcing bar）を埋め込み，外力に対して**コンクリート**（concrete）と鉄筋とが一体となって抵抗するようにした構造を，**鉄筋コンクリート**（reinforced concrete，略称 RC）という．

コンクリートは，圧縮強度は比較的大きいが引張強度は極めて小さく（圧縮強度の 1/10 以下），伸び能力も極めて小さい（0.1％程度）．一方，鉄筋は引張力を受けるのに適した材料で，通常の鉄筋の弾性限度は $230 \sim 440 \, \text{N/mm}^2$ と極めて大きく，破断するまでの伸び能力も 20％前後でコンクリートにくらべて極めて大きい（図 1.1）．

鉄筋コンクリートは，このように全く性質の異なる二つの材料を組み合わせた複合構造体で，部材断面に作用する圧縮力は主としてコンクリートで，引張力はすべて鉄筋で受け持つように鉄筋を配置するのが，その基本形態である．

はりの場合，図 1.2 (a) に示すように荷重によって引張応力が生じる部分にあらかじめ鉄筋を配置しておけば，荷重が作用して同図 (b) に示すようにはりの引張部にひび割れが生じても，引張応力はすべて鉄筋が負担することにより，コンクリートと鉄筋とが一体として外力に抵抗することができる．

ひび割れ発生後もコンクリートと鉄筋とが一体として機能するのは，鉄筋とコンクリートとの相互の**付着**に依存するものである．**付着強度**は荷重によって鉄筋とコンクリートとの界面に生じる応力（付着応力）よりも一般に十分に大

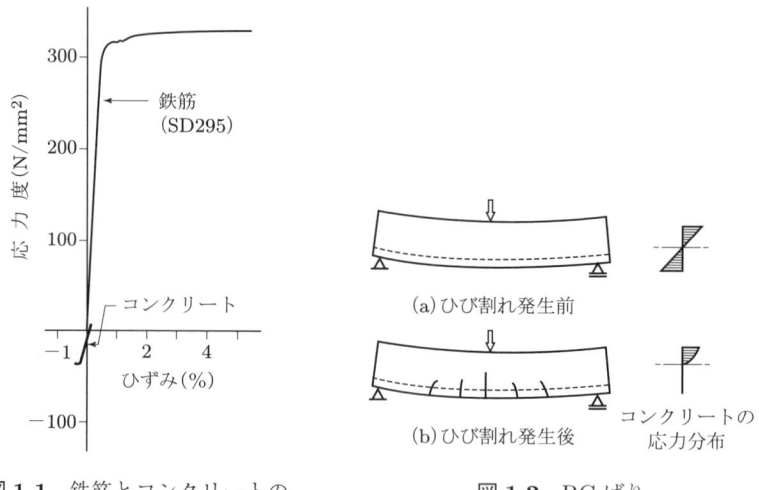

図 1.1 鉄筋とコンクリートの
応力-ひずみの関係

図 1.2 RC ばり

きいので，コンクリートと鉄筋との一体作用は一般にはりが終局（破壊）状態に至るまで持続される．

❷ 鉄筋コンクリート成立の要因

コンクリートと鉄筋という全く異質の材料による複合構造が成立するのは，両者が一体作用するうえで不可欠な次の三つの要因が，偶然にも存在したためである．

1. コンクリートと鉄筋の熱膨張係数がほぼ等しいこと．
2. コンクリート中に埋め込まれている鉄筋は，通常の環境条件のもとでは半永久的に錆びないこと．
3. コンクリートと鉄筋との付着強度が比較的大きいこと．

1. については，もし両者の熱膨張係数が著しく異なれば，温度変化に伴う両者の伸縮量の相違によって両者にずれが生じたり二次応力が生じたりすることになる．**2.** については，健全なコンクリートは強アルカリ性（pH 12 程度）を有するためであるが，コンクリートの中性化が鉄筋の深さまで進行したり，塩化物イオンが浸透して鉄筋表面に到達したりすると，鉄筋は錆びはじめる．また **3.** については，鉄筋のうち表面が平滑な丸鋼の付着は主として鉄筋とセメントペーストの接着力および両者の界面における摩擦力に依存するが，表面にリ

ブやふしなどの突起を有する異形棒鋼では，突起による機械的抵抗が加わるため丸鋼よりもかなり大きな付着強度を発揮する．

1.2 鉄筋コンクリートの特徴

❶ 鉄筋コンクリートの長所および短所

鋼構造物と比較した場合の鉄筋コンクリート構造物の長所および短所は，次のようである．

● 長所
1. 任意の形状・寸法の構造物を一体的に造ることができる（現場打ち施工の場合，継手を必要としない）．
2. 騒音や振動が少ない（特に，高架道路・鉄道など）．
3. 耐久性，耐火性に優れている．
4. 一般に，維持費を必要としない．

● 短所
1. ひび割れが生じやすく，局部的に破損しやすい．
2. 重量が大きいため，施工上および耐震上不利である（ただし，重力ダム，重力式橋台など，重量が大きいことが利点となるものもある）．
3. 構造物の品質が，施工管理の良否に左右されやすい．
4. 改造や取壊しが容易でない．

❷ 鉄筋コンクリートの拡張形態

鉄筋コンクリートを改良または発展させた構造形態として，次のようなものがある．

1) プレストレストコンクリート（**PC**）

荷重により引張応力が生じる部分に高強度鋼材を用いてあらかじめ圧縮応力を導入しておき，設計荷重作用時に引張応力を生じさせないか，ひび割れが生じない程度の引張応力にとどめて，コンクリート全断面を有効に機能させるようにするもの．

2) プレストレスト鉄筋コンクリート（**PRC**）

RCとPCの中間的なもの．

3) **鉄骨鉄筋コンクリート（SRC）**

断面構成を容易にするため，鉄筋の一部を鉄骨で置きかえた鉄筋コンクリート．

4) **鉄骨コンクリート（SC）**

鋼部材とコンクリートとを一体化したもの（コンクリート充填鋼管など）．

1.3　設計方法の変遷

❶ 設計方法の変遷

1887年に鉄筋コンクリートの設計理論が発表され，1895年にわが国に鉄筋コンクリートが導入された当時から現在に至るまで，鉄筋コンクリート構造物の設計には**許容応力度設計法**（working stress design）が主として用いられ，❷に述べるように，わが国ではごく一部の構造物を除き，今なおこの設計法が用いられている．

許容応力度設計法は，コンクリートおよび鉄筋を弾性体とみなして求めた設計荷重による応力度が，コンクリートおよび鉄筋の強度を**安全率**で除して定めた**許容応力度**を超えないように部材断面を定める方法である．これは，設計計算は極めて簡単であるという利点を有する反面，本来非弾性材料であるコンクリートを弾性体と仮定しているため応力度と荷重とは比例せず，この方法で設計された部材は断面の破壊に対する安全度を一定に保つことが困難であるといった欠点を有している．

そこで，この欠点を補う方法として**終局強度設計法**（ultimate strength design）が多くの国々で用いられるようになり，わが国でもコンクリート道路橋など一部の構造物に対して許容応力度設計法と併用して用いられるようになった．

この設計法は，材料の非線形性を考慮して求めた部材断面の耐力（破壊強度）が，設計荷重に**荷重係数**を乗じて割増しした破壊安全度検証用荷重（終局荷重）による断面力よりも大きくなるように断面を算定する方法である．これで，破壊に対して一定の安全度を確保することは可能となったが，ひび割れ，変形，振動など使用上の不都合の存否については別途検討しなければならない煩雑さが残された．なお，この設計法による構造物の安全度は荷重係数の値に支配されることから，この設計法は**荷重係数設計法**（load factor design）とも呼ばれている．

1964年にヨーロッパコンクリート委員会（CEB）により提唱された**限界状態設計法**（limit state design）は，構造物の剛体安定（転倒・滑動・沈下）や断面破壊などにかかわる部分は**終局限界状態**，ひび割れや変位・変形，振動などの使用性にかかわる部分は**使用限界状態**をそれぞれ設定してそれらに対する安全性を照査する方法である．これは，許容応力度設計法においては安全率，終局強度設計法においては荷重係数に包含させていた材料強度や荷重のばらつき，構造解析の不確実性，施工誤差などの不明確要素を五つの**部分安全係数**（材料係数，荷重係数，構造解析係数，部材係数および構造物係数）で表しているうえ，終局強度設計法の欠点であった使用性の検討の欠如も一連の計算過程に組み入れうる点で，より合理的な設計法であるといえる．

 わが国の土木学会の「コンクリート標準示方書」は，1986年に全面的にこの設計法を採り入れ，その後数次にわたり改訂・増補が行われてきた．ただし，わが国の実務基準では，まだこの設計法は採用されていない．

❷ 現行の基準

(1) 土木学会のコンクリート標準示方書

 2002年に制定されたコンクリート標準示方書は，次の6編からなる．
1. 構造性能照査編
2. 耐震性能照査編
3. 施工編
4. ダムコンクリート編
5. 舗装編
6. 基準編

 ほかに，2001年制定の「維持管理編」がある．

 本書の以下の記述においては，1.を「学会示方書」と略称する．

(2) 実務基準

 土木学会のコンクリート標準示方書は不特定多種類の構造物を対象としている．そのため，特定の構造物の設計・施工にこれをそのまま適用することは不適切な場合が多いことと，標準示方書が限界状態設計法に準拠しているのに対しほとんどの構造物の設計は許容応力度設計法を主体としていることから，構造物の種類ごとに関係学・協会などにより設計・施工基準が作られている．

 その代表的なものが，日本道路協会編の「道路橋示方書・同解説」で，平成

6   第1章　序　論

14年版は次の4分冊からなる．

 1. I 共通編・II 鋼橋編
 2. I 共通編・III コンクリート橋編
 3. I 共通編・IV 下部構造編
 4. V 耐震設計編

　本書の以下の記述においては，**2.** を「道路橋示方書」と呼ぶことにする．

　その他の構造物，例えば擁壁・カルバートの設計・施工には「道路土工－擁壁・カルバート・仮設構造物工指針」（日本道路協会），コンクリート舗装の設計・施工には「セメントコンクリート舗装要網」（日本道路協会）などが用いられている．

(3) 本書が準拠する基準

　本書は，主として学会示方書に基づいて記述するが，学会示方書と異なる基準や数値を示している実務基準の例として，道路橋示方書のそれらをも必要に応じて示すこととする．

(4) 記　号

　記号は，原則として各設計法で常用されているものを用いる．設計法のいかんにかかわらず，垂直応力度は「σ」で表す．材料強度は，許容応力度設計法および終局強度設計法では「σ」を，限界状態設計法では「f」を用いる．圧縮応力度は「σ'_c」，圧縮強度は「σ'_{ck}」，「f'_{ck}」のようにダッシュを付けて表すこととする．ひずみについても，圧縮ひずみは「ε'」と表記する．

第 2 章　材料の設計値

2.1　コンクリート

1 強　　度

（1）圧縮強度

1）圧縮強度

　一般の鉄筋コンクリート構造物の設計において設定する圧縮強度を**設計基準強度** (σ'_{ck}) といい，これは**標準供試体**の材齢 28 日における強度が所定の確率以上で σ'_{ck} を下回らないことを確かめることによって検査を行う．道路橋示方書では，鉄筋コンクリート部材に対する最低設計基準強度を $21\,\mathrm{N/mm^2}$ と定めている．

　標準供試体としては，直径 $100\,\mathrm{mm}$・高さ $200\,\mathrm{mm}$ の円柱体か，直径 $150\,\mathrm{mm}$・高さ $300\,\mathrm{mm}$ の円柱体のいずれを用いてもよいが，前者の方が軽量で運搬などに便利なことから，これが用いられることが多い．

　設計基準強度を標準供試体の材齢 28 日における強度としているのは，図 2.1 に示すように現場コンクリートの強度発現は一般に標準供試体のそれよりも遅いが，構造物に設計荷重が作用する数ヶ月～1 年程度の材齢においては，標準供試体の材齢 28 日における強度ないしはそれ以上となることが期待できることによる．

　コンクリートダムの場合は，マスコンクリートの水和熱を制御するため強度発現の遅い中庸熱セメントやフライアッシュ混入セメントなどが用いられ，設計荷重が作用するのも他の構造物よりかなり遅いため，標準供試体の材齢 91 日

8　第 2 章　材料の設計値

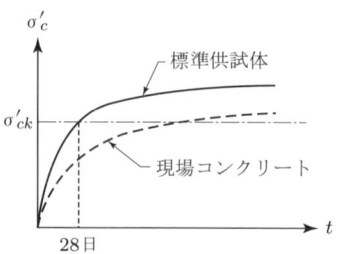

図 **2.1**　設計基準強度，σ'_{ck}

における圧縮強度を設計基準強度としている．また，コンクリート舗装は，作用する断面力は曲げが支配的であるので，標準曲げ供試体の材齢 28 日における曲げ強度を設計基準強度としている．

構造物に打ち込まれるコンクリートの平均強度（**配合強度**，σ'_{cr}）は，強度の分布が正規分布に従うものとし，設計基準強度を下回る確率が 5%以下となるように定めており，この条件を満足する配合強度 σ'_{cr} の値は式 (2.1) のように表される（図 2.2 参照）．

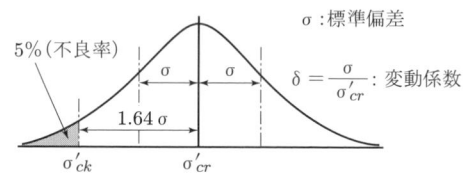

図 **2.2**　配合強度，σ'_{cr}

$$\sigma'_{ck} = \sigma'_{cr} - 1.64\sigma = \sigma'_{cr} - 1.64(\delta \cdot \sigma'_{cr}) = \sigma'_{cr}(1 - 1.64\delta)$$

$$\therefore \ \sigma'_{cr} = \frac{\sigma'_{ck}}{1 - 1.64\delta} \tag{2.1}$$

ここに，σ：コンクリート強度の標準偏差．δ：コンクリート強度の変動係数．

レディミクストコンクリートについては，次の条件を満足する場合に圧縮強度は合格と判定される．

① 1 回の試験値は $0.85\sigma'_{ck}$ 以上で，かつ
② 3 回の試験値の平均値は σ'_{ck} 以上であること．

ここで，1 回の試験値とは標準供試体 3 個の強度の平均値であり，σ'_{ck} はレディミクストコンクリートの呼び強度である．

2) 圧縮強度以外の強度

圧縮強度の特性値（設計基準強度）f'_{ck} が既知の場合，引張強度，付着強度，支圧強度および曲げひび割れ強度の特性値は，それぞれ式 (2.2)～式 (2.5) から求めることができる．

① 引張強度：$f_{tk} = 0.23 f'_{ck}{}^{2/3}$ (2.2)

② 付着強度（異形鉄筋）：$f_{bok} = 0.28 f'_{ck}{}^{2/3} (\leq 4.2\,\text{N/mm}^2)$ (2.3)
丸鋼の場合は，異形鉄筋の場合の 40% とする．

③ 支圧強度：$\left. \begin{array}{l} f'_{ak} = \eta \cdot f'_{ck} \\ \text{ただし，}\quad \eta = \sqrt{A/A_a}(\leq 2) \end{array} \right\}$ (2.4)

$\left. \begin{array}{l} A：\text{コンクリート面の支圧分布面積} \\ A_a：\text{支圧を受ける面積} \end{array} \right\}$ 図 2.3

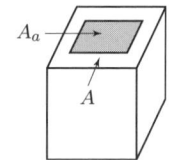

図 2.3　支圧を受ける面積

④ 曲げひび割れ強度：$f_{bck} = k_{ob} \cdot k_{1b} \cdot f_{tk}$ (2.5)
ただし，
$k_{ob} = 1 + \dfrac{1}{0.85 + 4.5(h/l_{ch})}$：引張強度と曲げ強度との関係を表す係数．

$k_{1b} = \dfrac{0.55}{\sqrt[4]{h}}(\geqq 0.4)$：乾燥，水和熱など，その他の原因によるひび割れ強度の低下を表す係数．

h：部材の高さ (m)($> 0.2\,\text{m}$)．$l_{ch} = G_F E_c / f_{tk}^2$：特性長さ (m)．$E_c$：ヤング係数．$G_F = 10(d_{\max})^{1/3} \cdot f'_{ck}{}^{1/3}$ (N/m)：破壊エネルギー．$d_{\max}$：粗骨材の最大寸法 (mm)．

❷ 応力－ひずみ関係

供試体の圧縮載荷によって得られる**応力－ひずみ曲線**は，図 2.4 (a) に示すうである．

これをモデル化したものが同図 (b) および (c) で，コンクリートも鉄筋も弾性体とみなし，破壊強度の 1/3 程度の比較的低応力に設定された許容応力度によって安全性を照査する許容応力度設計法では，σ'_c－ε'_c を直線とした同図 (b) を用いる．また，終局強度設計法および限界状態設計法では，コンクリートの塑性域をも考慮した耐力を計算するために，コンクリートの終局ひずみ（$\varepsilon'_{cu} = 0.0035$）までの σ'_c－ε'_c 関係を表した同図 (c) を用いる．

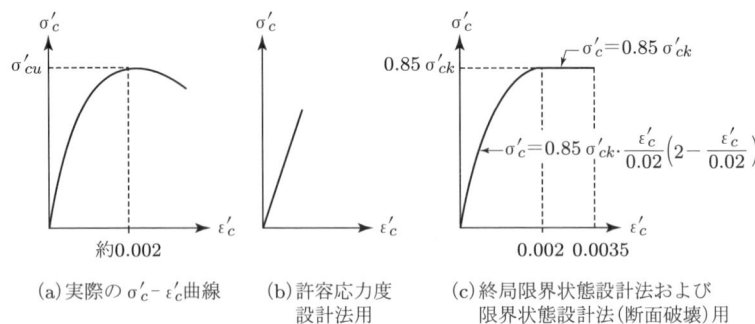

図 2.4 コンクリートの応力-ひずみ曲線

3 物理定数

(1) ヤング係数

設計計算に用いる普通コンクリートのヤング係数 E_c は，表 2.1 の値とする．なお，道路橋示方書では同表 (b) に示すように，橋に用いられる f'_{ck} の範囲について示されているほか，許容応力度設計法による応力度の計算に用いるヤング係数比 n は 15 とすることが定められている．

表 2.1 コンクリートのヤング係数，E_c

(a) 学会示方書

$f'_{ck}(\text{N/mm}^2)$	18	24	30	40	50	60	70	80
$E_c(\text{kN/mm}^2)$	22	25	28	31	33	35	37	38

(b) 道路橋示方書

$f'_{ck}(\text{N/mm}^2)$	21	24	27	30	40	50	60
$E_c(\text{kN/mm}^2)$	2.35×10^4	2.5×10^4	2.65×10^4	2.8×10^4	3.1×10^4	3.3×10^4	3.5×10^4

(2) せん断弾性係数（道路橋示方書）

コンクリートのせん断弾性係数 G_c は，次式から求まる値とする．

$$G_c = \frac{E_c}{2.3} \tag{2.6}$$

(3) ポアソン比

コンクリートの弾性範囲内におけるポアソン比は，一般に 0.2 とする．ただし，引張を受け，ひび割れを許容する場合には 0 とする．

(4) 熱膨張係数

コンクリートの熱膨張係数は，一般に 10×10^{-6} /℃ とする．

4 収　縮

学会示方書では，乾燥収縮以外の収縮（自己収縮，炭酸化収縮）をも含めた普通コンクリートの**収縮ひずみ**の値を，表 2.2 のように与えている．ただし，弾性理論により不静定力を計算するときの収縮ひずみは一般に 150×10^{-6} を用いるものとし，これにクリープの影響は加算しないこととしている．

道路橋示方書では，不静定力を計算する場合の収縮ひずみの値は 150×10^{-6} を，軸方向鋼材量が部材のコンクリート断面積の 0.5% 未満の場合には 200×10^{-6} を用いることとしており，これらにクリープの影響は加算しないこととしている．

表 2.2 コンクリートの収縮ひずみ　($\times 10^{-6}$)

環境 \ 材齢*	3日以内	4〜7日	28日	3ヶ月	1年
屋　外	400	350	230	200	120
屋　内	730	620	380	260	130

（＊設計で収縮を考慮するときの乾燥開始材齢）

5 クリープ

コンクリートの圧縮クリープひずみ ε'_{cc} は，一般に次式により求めてよい．

$$\varepsilon'_{cc} = \frac{\sigma'_{cp}}{E_{ct}} \cdot \varphi \tag{2.7}$$

ここに，σ'_{cp}：作用圧縮応力度．E_{ct}：載荷時材齢におけるヤング係数．φ：クリープ係数．

クリープ係数 φ の値として，学会示方書ではプレストレストコンクリートに用いる普通コンクリートに対して表 2.3(a) の値を示しており，道路橋示方書ではプレストレス減少量および不静定力の計算に用いる値を同表 (b) のように与えている．

表 2.3　コンクリートのクリープ係数，φ

(a) 学会示方書

環境＼材齢*	4〜7日	14日	28日	3ヶ月	1年
屋　外	2.7	1.7	1.5	1.3	1.1
屋　内	2.4	1.7	1.5	1.3	1.1

（＊プレストレス導入時または載荷時の材齢）

(b) 道路橋示方書

セメントの種類＼材齢*	4〜7	14	28	90	365
普通ポルトランド	2.6	2.3	2.0	1.7	1.2
早強ポルトランド	2.8	2.5	2.2	1.9	1.4

（＊持続荷重を載荷するときの材齢(日)）

2.2　鉄　筋

1 鉄筋の種類および寸法

(1) 鉄筋の種類

　鉄筋は，JIS G 3112「鉄筋コンクリート用棒鋼」の規格に適合するものを用いる．同規格に示されている鉄筋の種類と機械的性質の保証値を，表 2.4 に示す．
　道路橋示方書では，鉄筋の種類を橋に最も多く使用されるものに限定して，

表 2.4　鉄筋コンクリート用棒鋼（JIS G 3112）

種　類	丸　鋼		異　形　棒　鋼				
記　号	SR235	SR295	SD295A	SD295B	SD345	SD390	SD490
降伏点または0.2%耐力(N/mm^2)	$\geqq 235$	$\geqq 295$	$\geqq 295$	295〜300	345〜440	390〜510	490〜625
引張強さ(N/mm^2)	380〜520	440〜600	440〜600	$\geqq 440$	$\geqq 490$	$\geqq 560$	$\geqq 620$
伸び(%)*	$\geqq 20, \geqq 24$	$\geqq 18, \geqq 20$	$\geqq 16, \geqq 18$	$\geqq 16, \geqq 18$	$\geqq 18, \geqq 20$	$\geqq 16, \geqq 18$	$\geqq 12, \geqq 14$

（＊二つの値は，それぞれ2号および3号試験片によるもの）

表 2.4 のうち SR235, SD295A, SD295B および SD345 の規格値のみを示している．

異形棒鋼は，表面にリブやふしと呼ばれる突起を付けたもので（図 2.5），突起とその周辺のコンクリートとの機械的抵抗が大きいため丸鋼よりも付着強度が大きく，鉄筋コンクリート構造物の鉄筋には，主として異形棒鋼が用いられている．

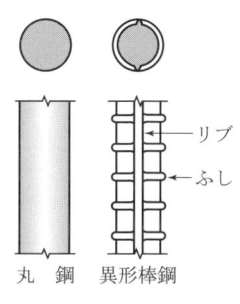

図 2.5 鉄 筋

鉄筋記号 SR の「R」は丸鋼（Round bar）を表し，SD の「D」は異形棒鋼（Deformed bar）を表す．これらの記号の後に続く数値，例えば SR235 の「235」は，規格降伏点下限値 (N/mm^2) を意味する．

(2) 鉄筋の寸法

市販されている鉄筋の直径（呼び径）および標準長さは，次のとおりである．

呼び径 (mm) $\begin{cases} 丸鋼 &: \phi6, \phi9, \phi13, \phi19, \phi22, \phi25, \phi28, \phi32, \phi36 \\ 異形棒鋼 &: D6, D10, D13, D16, D19, D22, D25, D29, \\ & \quad D32, D38, D41, D51 \end{cases}$

長さ (m)：3.5, 4, 4.5, 5, 5.5, 6, 6.5, 7, 8, 9, 10, 11, 12

上記のように，呼び径を表す数値の前に，丸鋼は「ϕ」，異形棒鋼は「D」を冠して，丸鋼と異形棒鋼の種別を表す．

丸鋼の断面積および周長を巻末の付表 1 および付表 2 に，また，異形棒鋼の公称径および公称断面積を付表 3 に，公称周長を付表 4 に示す．異形棒鋼は直径を測ることができないので，その直径は一定長さの試料の質量から逆算して求めている．

❷ 応力－ひずみ関係

鉄筋の引張試験によって得られる応力－ひずみ曲線は図2.6(a)に示すようである．軟鋼鉄筋では弾性域・塑性域・ひずみ硬化域からなるが，設計上は塑性域に達した応力 σ_y を最大強度とみなす．

高強度鉄筋で明確な塑性域を示さないものについては，永久ひずみ0.2%に対応する応力度を降伏点とみなし，これを「0.2%耐力」と称して設計上の最大強度としている．

設計計算においては，許容応力度設計法では応力－ひずみ曲線の弾性域をモデル化した図2.6(b)のような直線関係を，また，終局強度設計法および限界状態設計法における断面耐力の計算には，同図(c)のように塑性域までをモデル化した σ_s－ε_s 関係を用いる．

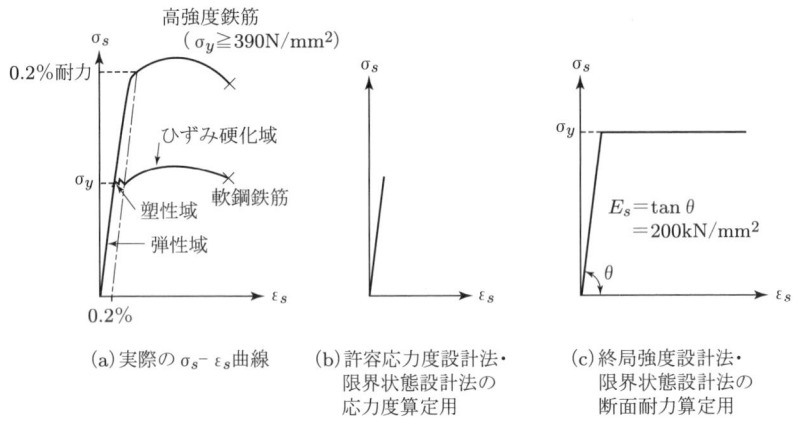

図 2.6 鉄筋の応力－ひずみ曲線

❸ 物理定数

鉄筋のヤング係数は，一般に $200\,\mathrm{kN/mm^2}$ とする．

鉄筋のポアソン比は，一般に 0.3 とする．

鋼材の熱膨張係数は一般に $12 \times 10^{-6}/℃$ であるが，コンクリート中の鉄筋の熱膨張係数はコンクリートの熱膨張係数の値 $10 \times 10^{-6}/℃$ と同じとしてよい．

第3章 荷 重

3.1 荷重の種類

❶ 荷重の分類

荷重は，その持続性や作用頻度により，次のように分類される．

1) 永久荷重

大きさの変動が極めて小さく，持続的に作用する荷重で，死荷重，土圧，水圧，プレストレス力などがこれに相当する．

2) 変動荷重

大きさの変動が頻繁に起こり，変動の大きさが持続的成分（平均値）に比べて比較的大きい荷重で，活荷重，温度変化の影響，風荷重，雪荷重などがこれに相当する．

3) 偶発荷重

発生する確率は極めて小さいが，もし発生するとその影響が著しく大きい荷重で，大規模地震，衝突荷重，爆発の影響などがある．

❷ 公称荷重

(1) 死 荷 重

死荷重は，構造物の自重および付帯物の重量に起因する荷重で，設計図書に示されている部材寸法と材料の単位重量とから算出する．**単位重量**としては表3.1 に示す値を用いてよいが，実重量が明らかな場合にはその値を用いる．

死荷重 D は，構造物の自重による不変死荷重 D_1 と，橋梁における舗装，添

表 3.1 材料の単位重量

材料	単位重量(kN/m³)	材料	単位重量(kN/m³)
鋼・鋳鋼・鍛鋼	77.0	コンクリート	22.5〜23.0
鋳鉄	71.0	セメントモルタル	21.0
アルミニウム	27.5	木材	8.0
鉄筋コンクリート	24.0〜24.5	瀝青材	11.0
プレストレストコンクリート	24.5	アスファルトコンクリート舗装	22.5

架物などのように後に付加される死荷重（後死荷重）D_2 とに分けて扱うのが合理的である．

(2) 活荷重

活荷重は，自動車，列車，群集のように時間的に大きさが変動し，かつ移動する荷重で，具体例として道路橋示方書に規定されている設計活荷重を図 3.1 に示す．

T 荷重は床組部材（横桁，縦桁）および床版を設計する荷重であり，L 荷重は主桁やトラス主構などを設計する荷重である．

L 荷重のうち p_1 は大型車（トレーラー車両）を，p_2 は一般車両をそれぞれ代表するもので，2 車線幅（5.5 m）まではこれらをそのまま載荷し，残りの幅員にはこれらの 1/2 の荷重を載荷することとされている．p_1 の載荷長 $D = 10\,\mathrm{m}$ とするものを「B 活荷重」，$D = 6\,\mathrm{m}$ とするものを「A 活荷重」と称し，高速自動車国道，一般国道，都道府県道およびそれらに接続する幹線市町村道の橋には B 活荷重を，その他の道路の橋には A 活荷重をそれぞれ適用することとされている．

(3) 土圧

構造物に作用する土圧には，主働土圧，受働土圧，静止土圧などがある．構造物の種類，土質の種類，構造物の挙動などに応じて，適切なものを考慮する．

(4) 水圧，流体力

静水圧 p_w は，次式から求められる．

$$p_w = w_0 \cdot h \quad (\mathrm{kN/m}^2) \tag{3.1}$$

ここに，w_0：水の単位重量 (kN/m³)．h：水面からの深さ (m)．

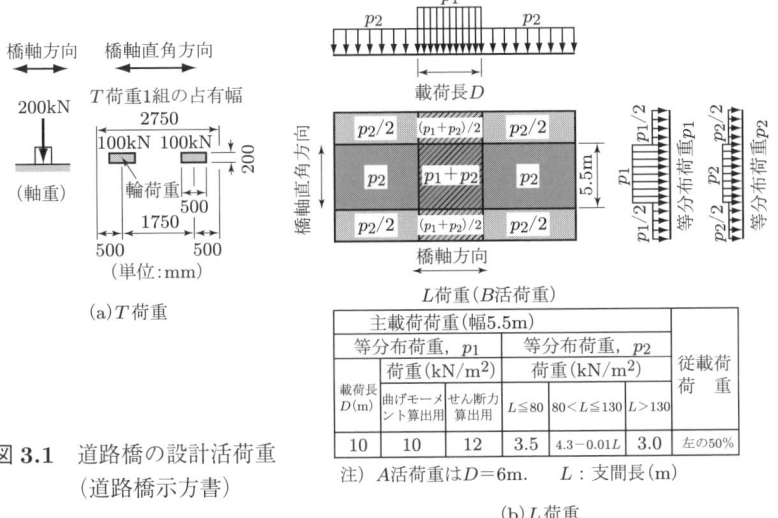

図 3.1 道路橋の設計活荷重
（道路橋示方書）

流水中の構造物が受ける流体力 P_w は，次式から求めることができる．

$$P_w = C_v \cdot \frac{\rho v^2}{2} \cdot A \tag{3.2}$$

ここに，C_v：構造物の断面形状による抵抗係数．ρ：水の密度 $(= 1000\,\text{kg/m}^3)$．v：流速 (m/s)．A：構造物の流れ方向の投影面積．

(5) 温度変化の影響

ラーメン，アーチなどの不静定構造物の設計では，温度変化の影響を考慮しなければならない．温度の昇降は，断面に一様に起こるものと考える．

温度変化の大きさは，年平均気温と月平均気温の最高値と最低値との差から定めるが，わが国では一般に ±15° としてよい．

(6) 地震の影響

8 章で述べる．

(7) 風荷重

風荷重は，構造物の種類，部材寸法，環境条件などによって異なるが，その公称値 W は一般に次式から求めることができる．

$$W = \frac{1}{2}\rho \cdot v_z{}^2 \cdot C \cdot A \quad (\text{N}) \tag{3.3}$$

第3章 荷　重

表 3.2　抗力係数, C

断面形状	C	断面形状	C
風向 → ○ 円形断面	1.2	→ 長方形（ ）内は$r/d>12$のとき	1.5 (1.1)
→ ‖ 平板またはそれに近い形状	2.2	→ 正方形（ ）内は$r/d>12$のとき	2.1 (1.5)
→ ⊢⊣	1.8	→ 長方形	2.7
→ ◇ 正方形（対角線方向）	1.5	→ 長方形（ ）内は$r>d/29$のとき	2.3 (2.1)

ここに，ρ：空気の密度 $(=1.25\,\mathrm{kg/m^3})$．v_z：設計風速 (m/s)．C：抗力係数で，表 3.2 に示す値．A：部材の投影断面積．

(8) 雪荷重

雪荷重を考慮する必要がある地域では，雪荷重 SN を次式から求める．

$$SN = w_s \cdot z \cdot I \quad (\mathrm{N/m^2}) \tag{3.4}$$

ここに，w_s：雪の設計単位重量 $(\mathrm{N/m^3})$．z：設計地上積雪深．$I = 1 + \dfrac{30-\theta}{30}$：勾配による係数．$\theta$：積雪対象面の勾配 (°) で，$\theta \leq 30°$ のときは $I=1.0$，$\theta \geq 60°$ のときは $I=0$ とする．

(9) その他の荷重

ラーメン，アーチなどの不静定構造物では，2.1-④，⑤に示したコンクリートの収縮およびクリープの影響を荷重として考慮しなければならない．

構造物の施工時に完成時とは異なる荷重が作用する場合には，**施工時荷重**を考慮する必要がある．

3.2　設計荷重

構造物の設計において考慮する荷重は，設計法によって異なる．

許容応力度設計法による場合は，荷重の公称値（3.1-②に示したもの）をそのまま用いればよい．

終局強度設計法および限界状態設計法による場合は，荷重の公称値に荷重係数 γ_f を乗じた値を用いるが，これらについてはそれぞれの設計法の章で詳述

する．

演習問題

1. コンクリートと鉄筋という全く異質の材料による複合体として，鉄筋コンクリートが成立する要因を述べよ．
2. コンクリートの設計基準強度を，標準供試体の28日強度に設定している理由を述べよ．
3. 異形鉄筋の強度による種別と，それらの規格降伏点下限値 (N/mm^2) を示せ．
4. コンクリートのヤング係数の定義を述べ，その単位を示せ．
5. コンクリートの「クリープ係数」とは何かを説明せよ．
6. 「施工時荷重」とは何かを述べよ．

第4章 許容応力度設計法

4.1 設計方法の概念と特徴

1 設計方法の概念

図 4.1 に示すように，**設計荷重（公称荷重）**作用時の部材断面力（曲げモーメント，せん断力，軸方向力など）によるコンクリートおよび鉄筋の応力度 σ_k が，材料強度（保証値 σ_{kk}）を安全率 ν で除して定めた許容応力度 σ_a を超えないことを確かめることによって部材の安全度を確保する設計方法が許容応力度設計法である．構造解析も応力度の計算も弾性計算によることから，**弾性設計法**（elastic design）とも呼ばれる．

この設計法において構造物または部材の安全度を支配するのは**安全率**（safety factor）である．材質がもろく，強度のばらつきが大きいコンクリートについては圧縮強度に対して 3～3.5，材質が粘り強く強度のばらつきも小さい鉄筋については降伏点に対して 1.7～1.8 の安全率が用いられてきた．これらの値は主

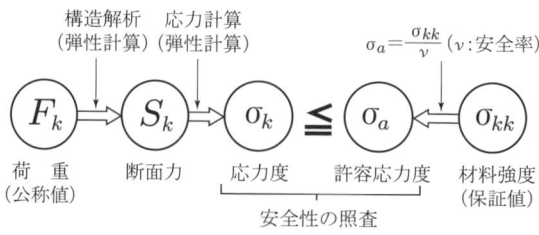

図 4.1 許容応力度設計法

として経験的な判断によって定められたもので，安全率には荷重の危険側へのばらつき，構造解析における不確実性，施工精度のばらつきなど，材料自体にかわるもの以外の不確定要素も包含されている．

❷ 設計方法の特徴

● 長所

1. 構造解析も応力度の算定もすべて弾性計算によることと，算定された応力度をあらかじめ定められている許容応力度と照合するだけで安全性を照査できることから，設計計算が極めて簡単であること．
2. 許容応力度を設定する過程で，安全率の値を調整することにより材料の性質の違いを考慮することができること．

● 短所

1. 構造物または部材の安全度を支配する安全率の内容・根拠が不明確であること．
2. コンクリートは非弾性材料であって応力度は荷重に比例しないため，構造物の破壊に対する安全度を一定に保つことが困難であること．
3. 荷重の性質の違い（例えば，死荷重はばらつきが小さく，活荷重はばらつきが大きいこと，など）を設計に反映させにくいこと．

● 特徴

使用性（ひび割れ，たわみ，など）に対する安全性は、安全率の設定，構造細目規定などにおいて考慮されており，耐力（破壊強度）上の不明確さはあっても，使用状態において特に問題がなければよいとする，いわば使用性を重視した設計法であるといえる．

4.2　材料の許容応力度

❶ 学会示方書による規定

(1) コンクリート

コンクリートの許容応力度は，設計基準強度 f'_{ck} をもとに，次のように定められている．

1) 許容曲げ圧縮応力度

許容曲げ圧縮応力度（軸方向力を伴う場合も含む）σ'_{ca} は，表 4.1 に示す値以下とする．

同表に示された f'_{ck} 値の中間の f'_{ck} 値に対する σ'_{ca} の値は補間法により求める（$f'_{ck} = 21 : \sigma'_{ca} = 8$，$f'_{ck} = 27 : \sigma'_{ca} = 10$）．

表 4.1 許容曲げ圧縮応力度，σ'_{ca}

f'_{ck} (N/mm²)	18	24	30	40
σ'_{ca} (N/mm²)	7	9	11	14

2) 許容せん断応力度

普通コンクリートの許容せん断応力度 τ_a は，表 4.2 に示す値以下とする．

鉄筋コンクリート部材にせん断力のみが作用することは極めてまれで，一般には曲げによる垂直応力度とせん断応力度とが合成された斜め引張応力が作用する．表 4.2 の τ_{a1} の値は，コンクリート部分および軸方向鉄筋の抵抗（ほぞ作用）によって負担できる斜め引張応力度に対するせん断応力度の許容値で，せん断応力度がこの値以下であれば斜め引張鉄筋（せん断補強鉄筋）を計算して配置する必要はない（ただし，最小量以上のスターラップは配置する）．

せん断応力度が大きくなるほど斜め引張応力も大きくなり，その大きさがコンクリートの引張強度を超えると，斜めひび割れが発生する．せん断補強鉄筋（スターラップ，折曲鉄筋）を配置すれば部材のせん断破壊強度は大きくなるが，斜めひび割れの発生を防ぐことはできない．

表 4.2 の τ_{a2} の値は，常時荷重作用下においてほぼ斜めひび割れが生じないようにするためのせん断応力度の上限値であり，f'_{ck} の 1/10～1/17，すなわちコンクリートの引張強度に近い値とされている．

表 4.2 許容せん断応力度，τ_a

部材の状態		f'_{ck} (N/mm²) 18	24	30	≧40
斜め引張鉄筋の計算をしない場合，τ_{a1}	はりの場合	0.4	0.45	0.5	0.55
	スラブの場合 [1]	0.8	0.9	1.0	1.1
斜め鉄筋の計算をする場合，τ_{a2}	せん断力のみの場合 [2]	1.8	2.0	2.2	2.4

1) 押し抜きせん断に対する値である．
2) ねじりの影響を考慮する場合には，この値を割増してよい．

なお，せん断応力度が τ_{a2} の値を超えるときは，コンクリート断面を増やしてせん断応力度を τ_{a2} の値以下に低下させなければならない．

3) 許容付着応力度

普通コンクリートの許容付着応力度 τ_{oa} は，表 4.3 に示す値以下とする．

鉄筋コンクリート構造物は，コンクリートと鉄筋との付着により両者が一体となって外力に抵抗するものであることから，コンクリートと鉄筋との付着を保証するために，許容付着応力度が定められている．

付着強度は，コンクリートの強度，鉄筋の表面形状，鉄筋の配置位置および方向などによって異なるが（例えば，水平に配置された鉄筋は，ブリーディングにより浮上した水が鉄筋下面に溜まり，のちに空隙となるため，鉛直方向に配置された鉄筋よりも付着強は小さくなり，この傾向は打ち込み深さの上部に位置する鉄筋ほど大きい），表 4.3 の値はこれらの諸要因を考慮のうえ，安全側に定められている．

表 4.3 許容付着応力度，$\tau_{oa}(\mathrm{N/mm}^2)$

鉄筋の種類 \ f'_{ck} (N/mm²)	18	24	30	≧40
丸鋼	0.7	0.8	0.9	1.0
異形鉄筋	1.4	1.6	1.8	2.0

4) 許容支圧応力度

受け台などで全面に載荷される場合の普通コンクリートの許容支圧応力度 σ'_{ca} は，次式による．

$$\sigma'_{ca} \leqq 0.3 f'_{ck} \tag{4.1}$$

局部載荷の場合の許容支圧応力度 σ'_{ca} は，次式による．

$$\sigma'_{ca} \leqq \left(0.25 + 0.55 \frac{A}{A_a}\right) \cdot f'_{ck}, \quad \text{ただし，} \quad \sigma'_{ca} \leqq 0.5 f'_{ck} \tag{4.2}$$

ここに，A，A_a：図 2.3 参照．

支圧を受ける部分が十分補強されている場合には，試験によって安全率が 3 以上となる範囲内で許容支圧応力度を高めてもよいこととされている．

局部載荷の場合に，全面載荷の場合よりも大きな許容応力度を設定できるのは，非載荷部分のコンクリートが載荷部分のコンクリートの横ひずみを拘束す

ることにより，2軸または3軸応力状態となって載荷部分のコンクリート強度の発現が大きくなるためである．

(2) 鉄 筋

1) 許容引張応力度

JIS G 3112 の規格に適合する鉄筋の許容引張応力度 σ_{sa} は，表 4.4 に示す値以下とする．

(a) 欄の値は，一般の構造物の設計に用いる値で，耐久性を保持するうえで有害なひび割れを生じさせないことを考慮して定められたものである．

(b) 欄の値は，鉄筋の疲労強度を考慮して定められたもので，道路橋の床版や鉄道橋の床組，その他繰返し荷重の影響が著しい部材を対象としている．

(c) 欄の値は，部材の破壊は実質上鉄筋の降伏によって起こることから，部材の破壊（鉄筋降伏）に対して一定（1.7〜1.8）の安全率をもたせるように定められたものである．一般には地震の影響を検討する場合の許容応力度の基本値として，また，鉄筋の定着や重ね断手の重ね合わせ長さを算定する際の許容応力度として用いる．

表 4.4 鉄筋の許容引張応力度, $\sigma_{sa}(\text{N/mm}^2)$

使用状態＼鉄筋の種類	SR235	SR295	SD295A, B	SD345	SD390
(a) 一般の状態	137	157	176	196	206
(b) 疲労強度を考慮する場合	137	157	157	176	176
(c) 降伏強度を考慮する場合	137	176	176	196	216

2) 許容圧縮応力度

JIS G 3112 の規格に適合する鉄筋で，かつ，十分なかぶりをもってコンクリート中に埋め込まれる圧縮鉄筋の許容圧縮応力度 σ'_{sa} は，表 4.4 の (c) 欄の値以下とする．

(3) 許容応力度の割増し

温度変化，コンクリートの収縮，地震の影響および一時的荷重を考慮する場合には，これらの荷重の同時生起の確率を考え，(1), (2) に示した許容応力度を次のように割増ししてよい．

1. 温度変化と収縮とを同時に考慮する場合は，1.15 倍まで．
2. 地震の影響を考慮する場合は，1.5 倍まで．

3. 温度変化，収縮および地震の影響を同時に考慮する場合は，1.65 倍まで．

4. 一時的な荷重または極めてまれな荷重を考慮する場合は，(**1**) に示した値の 2 倍までおよび (**2**) に示した値の 1.65 倍まで．

❷ 道路橋示方書による規定

(**1**) コンクリート

1) 許容圧縮応力度

許容圧縮応力度 σ'_{ca} は，表 4.5 に示す値とする．ただし二軸曲げが作用する部材の許容曲げ圧縮応力度は，表 4.5 (1) の値に $1.0\,\mathrm{N/mm^2}$ を加えた値とする．

表 4.5 許容圧縮応力度，σ'_{ca}

σ'_{ck} (N/mm²)		21	24	27	30
σ'_{ca} (N/mm²)	(1) 許容曲げ圧縮応力度	7.0	8.0	9.0	10.0
	(2) 許容軸圧縮応力度	5.5	6.5	7.5	8.5

大きな曲げ圧縮応力は部材長の中央や端部など特定の位置に生じるのに対し，軸圧縮応力は一般に部材全長にわたって生じることを考慮し，許容曲げ圧縮応力度は σ'_{ck} の 1/3，許容軸圧縮応力度は $0.85\sigma'_{ck}$ のほぼ 1/3 としている．

2) 許容付着応力度

許容付着応力度 τ_{oa} は，表 4.6 に示す値とする．

表 4.6 許容付着応力度，$\tau_{oa}(\mathrm{N/mm^2})$

鉄筋の種類 \ σ'_{ck} (N/mm²)	21	24	27	30	40	50	60
丸鋼	0.70	0.80	0.85	0.90	1.00	1.00	1.00
異形棒鋼	1.40	4.60	1.70	1.80	2.00	2.00	2.00

断面寸法に比べて径の大きい鉄筋を用いた場合は，定着部や継手部のコンクリートに割裂が生じる場合があるため，表 4.6 は直径 32 mm 以下の鉄筋を用いる場合にのみ適用できる．

3) 許容押抜きせん断応力度

許容押抜きせん断応力度 τ_{pa} は，表 4.7 に示す値とする．

この許容応力度は，せん断補強鉄筋の配置，斜めひび割れの程度，せん断破壊に対する安全度などを考慮して定められている．

表 4.7 コンクリートの許容押抜きせん断応力度, τ_{pa}

σ'_{ck} (N/mm²)	21	24	27	30	40	50	60
τ_{pa} (N/mm²)	0.85	0.90	0.95	1.00	1.20	1.40	1.50

4) 許容支圧応力度

許容支圧応力度 σ'_{ba} は，次式から得られる値とする．

$$\sigma'_{ba} = \left(0.25 + 0.05\frac{A_c}{A_b}\right)\cdot \sigma_{ck}, \quad \text{ただし}, \quad \sigma'_{ba} \leqq 0.5\sigma'_{ck} \quad (4.3)$$

ここに，A_c：局部載荷の場合のコンクリート面の有効支圧面の面積 (mm²)．A_b：局部載荷の場合の支圧を受けるコンクリート面の面積 (mm²)．

5) コンクリートが負担できる平均せん断応力度およびコンクリートの平均せん断応力度の最大値

設計荷重作用時にコンクリートが負担できる平均せん断応力度 τ_{ma} の値は，表 4.8 に示すとおりとする．

ここで，**平均せん断応力度 τ_m** とは，次式により算出される値である．

$$\tau_m = \frac{V_h}{b_w d} \quad (4.4)$$

ここに，V_h：部材の有効高さの変化の影響を考慮した設計せん断力 (N) (4.5 - ④ 参照)．b_w：部材断面のウェブ厚 (mm)．d：部材断面の有効高さ (mm)．

設計荷重作用下において，式 (4.4) により算出される平均せん断応力度 τ_m が表 4.8 の値を超えないときは，せん断補強鉄筋を計算して配置する必要はなく，別途規定による最小量以上のスターラップを配置すればよい．なお，σ'_{ck} を 60 N/mm² の高強度コンクリートまでを対象としているのは，プレストレストコンクリートをも考慮しているためである．

表 4.8 コンクリートが負担できる平均せん断応力度, τ_{ma}

σ'_{ck} (N/mm²)	21	24	27	30	40	50	60
τ_{ma} (N/mm²)	0.36	0.39	0.42	0.45	0.55	0.65	0.70

道路橋示方書では，許容応力度設計法によって定められる部材断面に一定値以上の破壊安全度を付与するため，部材断面の耐力が終局荷重による断面力 M_{UL} （例えば，$M_{UL} = 1.3M_d + 2.5M_{l+i}$，ここに，$M_d$：死荷重曲げモーメント，$M_{l+i}$：活荷重および衝撃による曲げモーメント）を下回らないことを照査する

方法が採られており，終局荷重作用時のコンクリートの平均せん断応力度は，表 4.9 に示す $\tau_{m,\max}$ の値以下でなければならないことが規定されている．

表 4.9 終局荷重作用時のコンクリートの平均せん断応力度の最大値，$\tau_{m,\max}$

σ'_{ck} (N/mm²)	21	24	27	30	40	50	60
$\tau_{m,\max}$ (N/mm²)	2.8	3.2	3.6	4.0	5.3	6.0	6.0

せん断応力度に対する照査は，終局時に想定される斜め引張破壊およびウェブコンクリートの破壊のうち，後者が起こらないようにするために τ_m の最大値を制限しているもので，終局荷重作用時の τ_m が $\tau_{m,\max}$ の値を超えるときは，コンクリートの断面寸法（特に，ウェブ厚さ）を変更しなければならない．

(2) 鉄　　筋

鉄筋の許容応力度は，直径 32 mm 以下の鉄筋に対して，表 4.10 に示す値以下とする．

表 4.10 鉄筋の許容応力度 (N/mm²)

応力度，部材の種類		鉄筋の種類	SR235	SD295A SD295B	SD345
許容引張応力度 σ_{sa}	①LおよびI以外の主荷重		80	100	100
	②荷重の組合わせにCOまたはEQを考慮しない場合の許容応力度の基本値	一般の部材	140	180	180
		床版および支間10m以下の床版橋	140	140	140
	③荷重の組合わせにCOまたはEQの影響を考慮する場合の許容応力度の基本値		140	180	200
	④鉄筋の定着長または重ね継手長を算出する場合の許容応力度の基本値		140	180	200
⑤許容圧縮応力度 σ'_{sa}			140	180	200

(L：活荷重，I：衝撃，CO：衝突荷重，EQ：地震の影響)

表の①の値は，一般の部材において耐久性上有害なひび割れが生じないように定められたもので，一般の鉄筋コンクリート部材の設計に用いる．

②の値は，他の部材に比べて苛酷な荷重を受ける床版や短支間の床版橋では有害なひび割れが生じやすいことから，このようなひび割れの発生を制御するために，鉄筋の材質にかかわらず許容応力度を小さく設定したものである．

床版は，$\sigma'_{sa} = 140\,\mathrm{N/mm^2}$ に対して $20\,\mathrm{N/mm^2}$ 程度の応力の余裕をもつように設計するのがよい．

③の値は，荷重の組合わせに考慮する衝突荷重または地震の影響は作用時間が短く，コンクリートのひび割れなどの影響を考慮する必要が少ないので，基本とする許容応力度を降伏点に対して 1.7 の安全率を考慮して定めたものである．

④の許容応力度は，鉄筋の定着長または重ね断手長は鉄筋の降伏点を考慮して定めればよいので，③の場合と同じとされている．

⑤の許容圧縮応力度は，鉄筋はコンクリート中に埋め込まれているため圧縮鉄筋の座屈を懸念する必要がないこと，および圧縮鉄筋は断面の圧縮部に配置されるためひび割れの影響を考慮する必要がないことから，③と同じ値とされている．

(3) 許容応力の割増し

荷重の組合わせに従荷重および特殊荷重を考慮する場合の許容応力度は，（1）および（2）に示した許容応力度に表 4.11 に示す割増し係数を乗じた値とする．表 4.11 の荷重記号の意味とその内容は，表 4.12 に示すとおりである．

4.3　荷　　重

許容応力度設計法における設計荷重としては，一般に 3.1 - ❷ に示した荷重（公称荷重）を用いる．ただし，コンクリート道路橋の設計では，公称荷重の他に破壊安全度照査用に設定された終局荷重を併用する．

4.4　曲げ部材の曲げ応力度および断面の算定

❶ 曲げ応力度計算上の仮定

曲げモーメントを受ける部材の曲げ応力度は，次の仮定のもとに弾性理論によって計算する．

1. 繊ひずみは，中立軸からの距離に比例する．
2. コンクリートの引張応力は，無視する．
3. 鉄筋とコンクリートのヤング係数比は，15 とする．

  1. の仮定は，鉄筋コンクリートの部材断面は曲げ変形後も平面を保持する

4.4 曲げ部材の曲げ応力度および断面の算定　29

表 4.11 許容応力の割増し係数

荷重の組合わせ	割増し係数
1) $P+PP$	1.00
2) $P+PP+T$	1.15
3) $P+PP+W$	1.25
4) $P+PP+T+W$	1.35
5) $P+PP+BK$	1.25
6) $P+PP+CO$	1.50
7) $P(L, I を除く)+EQ$	1.50
8) W	1.20
9) ER	1.25

表 4.12 荷重の種類と分類（道路橋）

記号	荷重区分	荷 重 の 種 類
P	主荷重	1. 死荷重(D), 2. 活荷重(L), 3. 衝撃(I), 4. プレストレス力(PS), 5. コンクリートのクリープの影響(CR), 6. コンクリートの収縮の影響(SH), 7. 土圧(E), 8. 水圧(HP), 9. 浮力または揚圧力(U).
S	従荷重	10. 風荷重(W), 11. 温度変化の影響(T), 12. 地震の影響(EQ), 13. 雪荷重(SN)
PP	主荷重に相当する特殊荷重	14. 地盤変動の影響(GD), 15. 支点移動の影響(SD), 16. 波圧(WP), 17. 遠心荷重(CF),
PA	特殊荷重	18. 制動荷重(BK), 19. 施工時荷重(ER), 20. 衝突荷重(CO), 21. その他

（平面保持の法則）とするもので，これは部材が破壊に近い状態に至っても成立することが確かめられている．

2. の仮定は，コンクリートの引張強度は極めて小さいため，はりの中立軸よりも下方の引張断面は無視し，引張力はすべて鉄筋が負担するものと考えることを意味している．

3. の仮定は，鉄筋のヤング係数 $E_s = 200\,\mathrm{kN/mm^2}$ に対して，コンクリートのヤング係数を $E_c \fallingdotseq 13.3\,\mathrm{kN/mm^2}$ と，実際の E_c の値 $(22\sim35\,\mathrm{kN/mm^2})$ よりもかなり小さい値を仮定していることになる．これは許容応力度の照査に加えて破壊（鉄筋降伏）時における安全性をも確保するためで（図 4.2 参照），E_c の値を小さく仮定する方が安全側の設計となるためである．

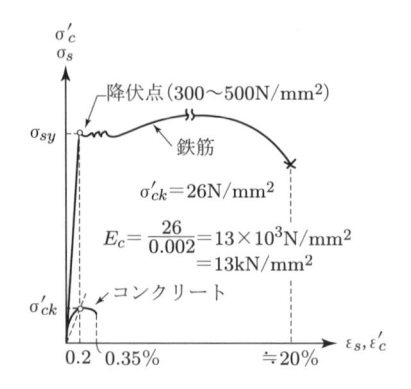

図 4.2 コンクリートの設計ヤング係数

❷ 鉄筋位置におけるコンクリートと鉄筋の応力度の関係

❶に述べた仮定により，断面のひずみは図 4.3 に示すように直線分布となるが，コンクリートと鉄筋とは一体的に挙動するので，鉄筋位置におけるコンクリートのひずみ ε_c と鉄筋のひずみ ε_s は等しくなる．このことから，

1. 鉄筋の応力度は，その位置のコンクリートの応力度の n 倍である．
2. 鉄筋位置でのコンクリートの応力度は，鉄筋の応力度の $1/n$ である．

という関係が成り立つ．この関係を用いて，次の❸以降に示す応力度計算式が導かれる．

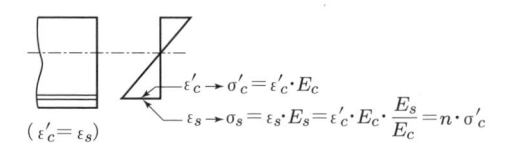

図 4.3 鉄筋位置における σ'_c と σ_s との関係

❸ 単鉄筋長方形断面

(1) 諸元の定義と記号

単鉄筋とは，断面の引張側にのみ鉄筋を配置した断面をいう．これ以降の計算に頻繁に用いられる断面諸元にかかわる重要な諸量と記号を，次に示す（図 4.4 参照）．

　d：部材の有効高さ（圧縮縁から引張鉄筋図心までの距離）．z：アーム長（圧

4.4 曲げ部材の曲げ応力度および断面の算定　**31**

図 4.4 単鉄筋長方形断面

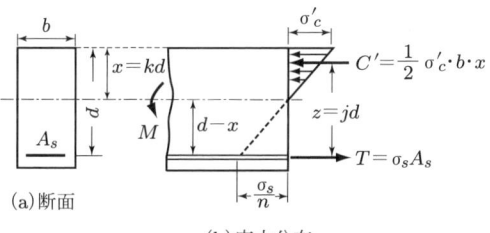

(a)断面

(b)応力分布

縮合力 C' の作用位置と引張合力 T の作用位置との間の距離）．x：圧縮縁から中立軸までの距離．$k=x/d$：中立軸比．$j=z/d$：アーム長比．$p=\dfrac{A_s}{bd}$：鉄筋比．A_s：鉄筋の断面積．b：はりの幅．

(2) 応力度の計算

1) **中立軸位置 (x)**

図 4.4 における応力度の比例関係から，

$$\frac{\sigma'_c}{x} = \frac{\sigma_s/n}{d-x}, \quad \frac{\sigma'_c}{\sigma_s} = \frac{x}{n(d-x)} \tag{a}$$

力のつり合いから，

$$\frac{1}{2}\sigma'_c bx = \sigma_s A_s, \quad \frac{\sigma'_c}{\sigma_s} = \frac{2A_s}{bx} \tag{b}$$

(a)=(b) から，

$$\frac{x}{n(d-x)} = \frac{2A_s}{bx}, \quad bx^2 + 2nA_s x - 2nA_s d = 0$$

$$\therefore \quad x = \frac{-nA_s + \sqrt{(nA_s)^2 + 2bnA_s d}}{b} = \frac{nA_s}{b}\left(-1 + \sqrt{1 + \frac{2bd}{nA_s}}\right) \tag{c}$$

x の値は，中立軸比 k を用いて次式から求めることもできる．

$$x = k \cdot d \tag{d}$$

ただし，k の値は，$p=\dfrac{A_s}{bd}$，$A_s = pbd$ であるから，

$$k = \frac{x}{d} = \frac{1}{d} \cdot \frac{nA_s}{b}\left(-1 + \sqrt{\frac{2bd}{nA_s}}\right) = \frac{npbd}{bd}\left(-1 + \sqrt{1 + \frac{2bd}{npbd}}\right)$$

$$= np\left(-1 + \sqrt{1 + \frac{2}{np}}\right) = \sqrt{2np + (np)^2} - np \tag{e}$$

式 (c), (d), (e) をまとめて，中立軸位置 x の計算式は次のようになる．

$$x = \frac{nA_s}{b}\left(-1 + \sqrt{\frac{2bd}{nA_s}}\right) \tag{4.5}$$

または，

$$x = k \cdot d \quad \text{ただし，} \quad k = \sqrt{2np + (np^2)} - np \tag{4.6}$$

2) アーム長 (z)

(1) に示したアーム長比の定義 $j = z/d$ から，

$$z = j \cdot d \tag{4.7}$$

ただし，j の値は図 4.4 (b) から，

$$z = j \cdot d = \left(d - \frac{x}{3}\right) = d - \frac{kd}{3} = \left(1 - \frac{k}{3}\right) \cdot d$$

d にかかる係数の比較から，

$$j = 1 - \frac{k}{3} \tag{4.8}$$

式 (4.6) の k の値は，鉄筋比 p が定まればただちに定まる値であり，式 (4.8) の j の値は k が定まればただちに定まる．種々の鉄筋比 p に対する k および j の値を，巻末の付表 5 に示す．

3) 応力度 (σ_c, σ_s)

図 4.4 において，鉄筋位置におけるモーメントのつり合いから，

$$M = C' \cdot z = \frac{1}{2}\sigma'_c bx \cdot z = \frac{1}{2}\sigma'_c \cdot b \cdot kd \cdot jd = \frac{1}{2}\sigma'_c kjbd^2,$$

$$\therefore \quad \sigma'_c = \frac{2M}{kjbd^2}$$

圧縮合力 C' の作用点におけるモーメントのつり合いから，

$$M = T \cdot z = \sigma_s A_s \cdot z = \sigma_s A_s \cdot jd, \quad \therefore \quad \sigma_s = \frac{M}{A_s jd}$$

すなわち，コンクリートおよび鉄筋の応力度は，

4.4 曲げ部材の曲げ応力度および断面の算定

$$\left.\begin{array}{l}\sigma'_c = \dfrac{2M}{kjbd^2} \\[6pt] \sigma_s = \dfrac{M}{A_s jd}\end{array}\right\} \quad (4.9)$$

■ 計算例 4.1

Q. 図 4.5 に示すはりの最大応力度を求めよ.

A. $A_s = 859\,\mathrm{mm}^2$（付表 3）, $p = \dfrac{A_s}{bd} = \dfrac{859}{250 \times 400} = 0.0086$, 付表 5 から, $k = 0.395$, $j = 0.868$

$$M_{\max} = \frac{\omega l^2}{8} = \frac{12.5 \times 5000^2}{8} = 39.1 \times 10^6\,\mathrm{N \cdot mm}$$

式 (4.9) から,

$$\sigma'_c = \frac{2M}{kjbd^2} = \frac{2 \times 39.1 \times 10^6}{0.395 \times 0.868 \times 250 \times 400^2} = 5.7\,\mathrm{N/mm^2}$$

$$\sigma_s = \frac{M}{A_s jd} = \frac{39.1 \times 10^6}{859 \times 0.868 \times 400} = 131\,\mathrm{N/mm^2}$$

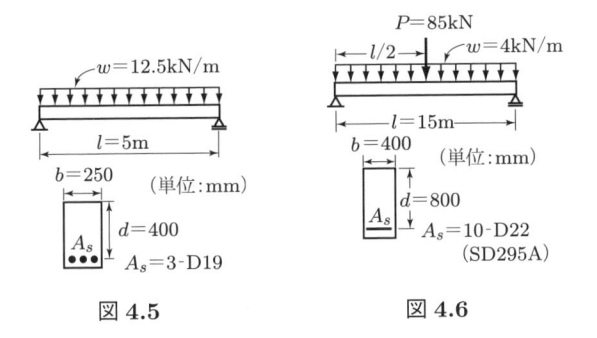

図 4.5

図 4.6

■ 計算例 4.2

Q. 図 4.6 に示すはりの, 曲げ応力度に関する安全性を照査せよ. ただし, $\sigma'_{ck} = 27\,\mathrm{N/mm^2}$ とする.

A. 許容応力度は, 表 4.1 および表 4.4 から, $\sigma'_{ca} = 10\,\mathrm{N/mm^2}$, $\sigma_{sa} = 176\,\mathrm{N/mm^2}$

$$M_{\max} = \frac{pl}{4} + \frac{\omega l}{8} = \frac{85000 \times 15000}{4} + \frac{4 \times 15000^2}{8} = 431.3 \times 10^6\,\mathrm{N \cdot mm}$$

$$A_s = 3871\,\mathrm{mm^2}, \quad p = \frac{A_s}{bd} = \frac{3871}{400 \times 800} = 0.0121, \quad k = 0.447, \quad j = 0.851$$

$$\sigma'_c = \frac{2M}{kjbd^2} = \frac{2 \times 431.3 \times 10^6}{0.447 \times 0.851 \times 400 \times 800^2} = 8.9\,\mathrm{N/mm^2} < \sigma'_{ca} = 10\,\mathrm{N/mm^2}$$

$$\sigma_s = \frac{M}{A_s j d} = \frac{431.3 \times 10^6}{3871 \times 0.851 \times 800} = 164\,\mathrm{N/mm^2} < \sigma_{sa} = 176\,\mathrm{N/mm^2}$$

以上より，このはりは曲げ応力度に関して安全である．

（3）抵抗曲げモーメント

コンクリートまたは鉄筋のいずれかが先にその許容応力度に達するときの曲げモーメントを，**抵抗曲げモーメント（M_r）**という．

式 (4.9) を誘導する過程で用いたモーメントのつり合い式，

$$M = \frac{1}{2}\sigma'_c kjbd^2$$

$$M = \sigma_s A_s jd = \sigma_s pjbd^2$$

において，$\sigma'_c = \sigma'_{ca}$ または $\sigma_s = \sigma_{sa}$ となるときの曲げモーメントが，それぞれコンクリートに関する抵抗曲げモーメント M_{rc} および鉄筋に関する抵抗曲げモーメント M_{rs} となるので，

$$\left.\begin{array}{l} M_{rc} = \dfrac{1}{2}\sigma'_{ca} \cdot kjbd^2 \\ M_{rs} = \sigma_{sa} \cdot pjbd^2 \end{array}\right\} \tag{4.10}$$

M_{rc} または M_{rs} のうちの小さい方が，その部材の抵抗曲げモーメント M_r となる．

■ 計算例 4.3

Q. 計算例 4.2（図 4.6）のはりの，抵抗曲げモーメントを求めよ．

A. $\sigma'_{ca} = 10\,\mathrm{N/mm^2}$, $\sigma_{sa} = 176\,\mathrm{N/mm^2}$, $k = 0.447$, $j = 0.851$, $p = 0.0121$, $b = 400\,\mathrm{mm}$, $d = 800\,\mathrm{mm}$ であるから，

$$M_{rc} = \frac{1}{2}\sigma'_{ca}kjbd^2 = \frac{1}{2} \times 10 \times 0.447 \times 0.851 \times 400 \times 800^2$$

$$= 487 \times 10^6\,\mathrm{N \cdot mm} = 487\,\mathrm{MN \cdot mm}$$

$$M_{rs} = \sigma_{sa}pjbd^2 = 176 \times 0.0121 \times 0.851 \times 400 \times 800^2$$

$$= 464 \times 10^6\,\mathrm{N \cdot mm} = 464\,\mathrm{MN \cdot mm}$$

$$\therefore\quad M_r = 464\,\mathrm{MN \cdot mm}$$

4.4　曲げ部材の曲げ応力度および断面の算定　35

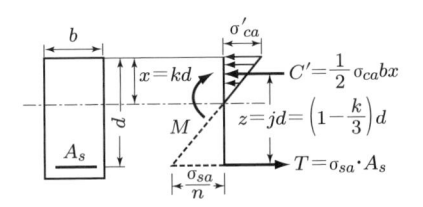

図 4.7　つり合い断面

(4) 断面の算定

1) つり合い断面に基づく算定

はり幅 b は与えられているものとして，設計曲げモーメントに抵抗できるように鉄筋量 A_s と有効高さ d を定める操作を，断面の算定という．断面の算定は，図 4.7 に示すようなつり合い断面（コンクリートと鉄筋の応力度が，同時にそれぞれの許容応力度 σ'_{ca}，σ_{sa} に達するような断面）を基準にして行う．

図 4.7 における応力度の比例関係から，

$$\frac{\sigma'_{ca}}{x} = \frac{\sigma_{sa}/n}{d-x}$$

$$\therefore \quad x = \frac{n\sigma'_{ca}}{n\sigma'_{ca}+\sigma_{sa}} \cdot d = k_o \cdot d, \quad \text{ただし}, \quad k_o = \frac{n\sigma'_{ca}}{n\sigma'_{ca}+\sigma_{sa}} \tag{a}$$

鉄筋位置に関するモーメントのつり合いから，

$$M = C' \cdot z = \frac{1}{2}\sigma'_{ca}bxz = \frac{1}{2}\sigma'_{ca}p \cdot k_o d \cdot \left(1-\frac{k_o}{3}\right)d$$

$$= \frac{1}{2}\sigma'_{ca} \cdot p \cdot k_o \left(1-\frac{k_o}{3}\right)d^2,$$

$$d^2 = \frac{2M}{\sigma'_{ca}pk_o(1-k_o/3)}$$

$$\therefore \quad d = \sqrt{\frac{2}{\sigma'_{ca}k_o(1-k_o/3)}} \cdot \sqrt{\frac{M}{b}} = C_1\sqrt{\frac{M}{b}},$$

$$\text{ただし}, \quad C_1 = \sqrt{\frac{2}{\sigma'_{ca}k_o(1-k_o/3)}} \tag{b}$$

圧縮合力作用位置に関するモーメントのつり合いから，

$$M = T \cdot z = A_s \sigma_{sa}\left(1 - \frac{k_o}{3}\right)d, \quad \therefore \quad A_s = \frac{M}{\sigma_{sa}(1 - k_o/3)d} \quad \text{(c)}$$

式 (c) に式 (a) の k_o および式 (b) の d を代入して整理すれば，

$$A_s = \frac{\sigma'_{ca}}{2\sigma_{sa}}\sqrt{\frac{6n}{3\sigma_{sa} + 2n\sigma'_{ca}}} \cdot \sqrt{M \cdot b} = C_2\sqrt{M \cdot b},$$

$$\text{ただし，} \quad C_2 = \frac{\sigma'_{ca}}{2\sigma_{sa}}\sqrt{\frac{6n}{3\sigma_{sa} + 2n\sigma'_{ca}}} \quad \text{(d)}$$

式 (b) および式 (d) が断面算定式で，

$$d = C_1\sqrt{\frac{M}{b}}, \quad \text{ただし，} \ C_1 = \sqrt{\frac{2}{\sigma'_{ca}k_o(1 - k_o/3)}}, \quad k_o = \frac{n\sigma'_{ca}}{n\sigma'_{ca} + \sigma_{sa}}$$
$$\text{(4.11)}$$

$$A_s = C_2\sqrt{M \cdot b}, \quad \text{ただし，} \quad C_2 = \frac{\sigma'_{ca}}{2\sigma_{sa}}\sqrt{\frac{6n}{3\sigma_{sa} + 2n\sigma'_{ca}}} \quad \text{(4.12)}$$

式 (4.11) 中の係数 C_1 および式 (4.12) 中の係数 C_2 は，コンクリートと鉄筋の許容応力度が定まればただちに定まる値である．σ'_{ca} と σ_{sa} の種々の値の組合わせについて求めた C_1，C_2 の値を巻末の付表 6 に示す．ただし，付表 6 の C_1 の値は無次元量ではなく，N，mm 単位を用いて計算された値であるので，付表 6 を用いて式 (4.11) から d の値を求める際には，M は N・mm 単位，b は mm 単位の値を用いなければならない．

式 (4.11) および式 (4.12) から得られる d および A_s の値は，理想的なつり合い断面としての値であるので，これらを現実的な値に修正して断面を決定する．すなわち，d については式 (4.11) から得られた mm 単位の値を最寄りの 10 mm 単位に丸めて切上げた値とし，また，A_s については付表 1（丸鋼）または付表 3（異形棒鋼）をみながら式 (4.12) から得られた A_s の値を下回らないような鉄筋径と鉄筋本数の組合わせを決定する．その際，鉄筋径と鉄筋本数の組合わせは多数考えられるが，8 章に述べる一般構造物細目の規定，特に鉄筋のあき（純間隔）とかぶりの規定を勘案し，与えられた部材幅 b に対して最も適切な鉄筋径と鉄筋本数の組合わせを決定する．

橋の主桁などのはりでは鉄筋を 2 段に配置することが多いが，その場合には図 4.8 (a) に示すように偶数本の鉄筋を上下同一鉛直線上にそろえて配置する．

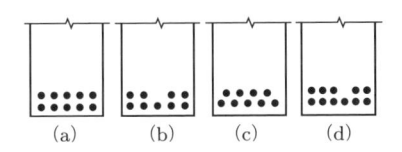

図 4.8　主鉄筋の配置（2段の場合）

奇数本を 2 段に配置する場合は，同図 (b) に示すように左右対称となるように配置する．(c) のような千鳥状の配置は，内部振動機を下段鉄筋まで差し込めず，コンクリートの締固めが困難となるので適切ではない．(d) のように奇数本で左右非対称となるときは，あえて鉄筋を 1 本増やして対称配置とするのがよい．

■ 計算例 4.4

Q. $M = 164\,\mathrm{MN \cdot mm}$ の曲げモーメントを受ける幅 $b = 350\,\mathrm{mm}$ の長方形断面ばりの断面を算定せよ．ただし，$\sigma'_{ck} = 24\,\mathrm{N/mm^2}$，使用鉄筋は SD295A とする．

A. 表 4.5 および表 4.10 から，$\sigma'_{ca} = 8.0\,\mathrm{N/mm^2}$，$\sigma_{sa} = 180\,\mathrm{N/mm^2}$．
　付表 6 から，$C_1 = 0.849$，$C_2 = 0.00754$．

$$d = C_1 \sqrt{\frac{M}{b}} = 0.849 \times \sqrt{\frac{164 \times 10^6}{350}} = 581\,\mathrm{mm},$$

$$A_s = \sqrt{Mb} = 0.00754 \times \sqrt{164 \times 10^6 \times 350} = 1806\,\mathrm{mm^2}$$

これに対し，$d = 590\,\mathrm{mm}$，$A_s = 5\text{-}\mathrm{D}22 = 1935\,\mathrm{mm^2}$ を用いるものとすると，

$$p = \frac{A_s}{bd} = \frac{1935}{350 \times 590} = 0.0094, \quad k = 0.408, \quad j = 0.864$$

$$\sigma'_c = \frac{2M}{kjbd^2} = \frac{2 \times 164 \times 10^6}{0.408 \times 0.864 \times 350 \times 590^2} = 7.6\,\mathrm{N/mm^2} < \sigma'_{ca} = 8.0\,\mathrm{mm^2}$$

$$\sigma_s = \frac{M}{A_s j d} = \frac{164 \times 10^6}{1935 \times 0.864 \times 590} = 166\,\mathrm{N/mm^2} < \sigma_{sa} = 180\,\mathrm{N/mm^2}$$

したがって，$d = 590\,\mathrm{mm}$，$A_s = 5\text{-}\mathrm{D}22$ とする．

2) b, d が既知の場合の断面算定

この場合は，次式から鉄筋量 A_s を求めて配筋を決定すればよい．

$$M = T \cdot z = A_s \sigma_{sa} \cdot jd, \quad \therefore \quad A_s = \frac{M}{\sigma_{sa} jd} \tag{4.13}$$

4　複鉄筋長方形断面

引張鉄筋の他に，圧縮側にも圧縮鉄筋を計算して配置する断面を，**複鉄筋断**

面という．

(1) 応力度の算定

1) 中立軸位置 (x)

図 4.9 における応力度の比例関係から

$$\frac{\sigma'_c}{x} = \frac{\sigma_s/n}{d-x}, \quad \sigma_s = n\sigma'_c \frac{d-x}{x}$$

$$\frac{\sigma'_c}{x} = \frac{\sigma'_s/n}{x-d'}, \quad \sigma'_s = n\sigma'_c \frac{x-d'}{x}$$

圧縮鉄筋の圧縮合力 C''，コンクリートの圧縮合力 C' および引張鉄筋の引張合力 T は，

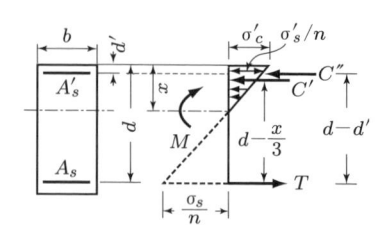

図 4.9 複鉄筋長方形断面

$$C'' = A'_s \sigma'_s = A'_s \cdot n\sigma'_c \frac{x-d'}{x}, \quad C' = \frac{1}{2}\sigma'_c bx,$$

$$T = A_s \sigma_s = A_s \cdot n\sigma'_c \frac{d-x}{x}$$

力のつり合い $C'' + C' = T$ から，

$$\frac{1}{2}\sigma'_c bx + A'_s \cdot n\sigma'_c \frac{x-d}{x} = A_s \cdot n\sigma'_c \frac{d-x}{x},$$

$$\frac{1}{2}bx^2 + n(A_s + A'_s)x - n(A_s d + A'_s d') = 0$$

$$\therefore \; x = -\frac{n(A_s + A'_s)}{b} + \sqrt{\left\{\frac{n(A_s + A'_s)}{b}\right\}^2 + \frac{2n}{b}(A_s d + A'_s d')} \quad (4.14)$$

または，

$$\left.\begin{array}{l} x = k \cdot d \\[4pt] ただし，\quad k = -n(p+p') + \sqrt{2n\left(p + \dfrac{d'}{d}p'\right) + n^2(p+p')^2} \\[6pt] \quad p = \dfrac{A_s}{bd}, \quad p' = \dfrac{A'_s}{bd} \end{array}\right\} \quad (4.15)$$

2) 応力度 (σ'_c, σ_s, σ'_s)

引張鉄筋位置におけるモーメントのつり合いから，

$$M = C'\left(d - \frac{x}{3}\right) + C''(d - d')$$

$$= \frac{1}{2}\sigma'_c bx\left(d-\frac{x}{3}\right) + A'_s \cdot n\sigma'_c \frac{x-d'}{x}(d-d')$$

$$= \sigma'_c\left\{\frac{1}{2}bx\left(d-\frac{x}{3}\right) + nA'_s\frac{x-d'}{x}(d-d')\right\}$$

$$\left.\begin{aligned}\sigma'_c &= \frac{M}{\dfrac{bx}{2}\left(d-\dfrac{x}{3}\right) + nA'_s\dfrac{x-d'}{x}(d-d')} \\ \sigma_s &= n\sigma'_c\frac{d-x}{x}, \quad \sigma'_s = n\sigma'_c\frac{x-d'}{x}\end{aligned}\right\} \quad (4.16)$$

または,

$$\left.\begin{aligned}\sigma'_c &= \frac{1}{\dfrac{k}{2}\left(1-\dfrac{k}{3}\right) + \dfrac{np'}{k}\left(k-\dfrac{d'}{d}\right)\left(1-\dfrac{d'}{d}\right)} \cdot \frac{M}{bd^2}, \\ \sigma_s &= n\sigma'_c\frac{1-k}{k}, \quad \sigma'_s = n\sigma'_c\left(1-\frac{1}{k}\cdot\frac{d'}{d}\right)\end{aligned}\right\} \quad (4.17)$$

■ 計算例 4.5

Q. 図 4.10 に示す断面に $M = 115\,\text{MN} \cdot \text{mm}$ の曲げモーメントが作用するときの応力度を求めよ.

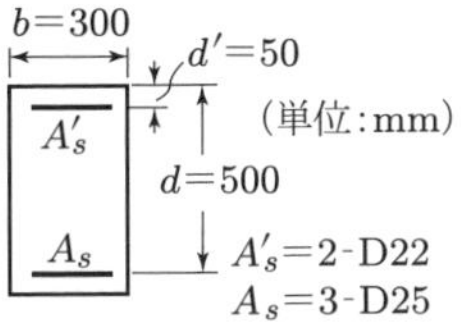

図 4.10

A. $A_s = 1520\,\text{mm}^2,\ A'_s = 774\,\text{mm}^2,\ A_s + A'_s = 2294\,\text{mm}^2,$

$$x = -\frac{n(A_s + A'_s)}{b} + \sqrt{\left\{\frac{n(A_s + A'_s)}{b}\right\}^2 + \frac{2n}{b}(A_s d + A'_s d')}$$

$$= -\frac{15 \times 2294}{300} + \sqrt{\left(\frac{15 \times 2294}{300}\right)^2 + \frac{2 \times 15}{300}(1520 \times 500 + 774 \times 50)}$$

$$= 190\,\text{mm}$$

$$\sigma'_c = \cfrac{M}{\cfrac{px}{2}\left(d-\cfrac{x}{3}\right) + nA'_s \cfrac{x-d'}{x}(d-d')}$$

$$= \cfrac{115 \times 10^6}{\cfrac{300 \times 190}{2}\left(500-\cfrac{190}{3}\right) + 15 \times 774 \times \cfrac{190-50}{190}(500-50)}$$

$$= 7.1\,\text{N/mm}^2$$

$$\sigma_s = n\sigma'_c \frac{d-x}{x} = 15 \times 7.1 \times \frac{500-190}{190} = 174\,\text{N/mm}^2$$

$$\sigma'_s = n\sigma'_c \frac{x-d'}{x} = 15 \times 7.1 \times \frac{190-50}{190} = 78\,\text{N/mm}^2$$

（2）抵抗曲げモーメント

抵抗曲げモーメント M_r は，次式から求まる M_{rc} および M_{rs} のうち，小さい方の値である．

$$\left.\begin{aligned}M_{rc} &= \sigma'_{ca}\left\{\frac{bx}{2}\left(d-\frac{x}{3}\right) + \frac{nA_s}{x}(x-d')(d-d')\right\} \\ M_{rs} &= \sigma_{sa}\left\{\frac{bx^2\left(d-\dfrac{x}{3}\right) + 2nA'_s(x-d')(d-d')}{2n(d-x)}\right\}\end{aligned}\right\} \quad (4.18)$$

（3）断面の算定

複鉄筋断面は，はりの高さが制限されている場合に用いられることが多い．そこで，一般には b, d は与えられているものとして，つり合い断面となるように A_s, A'_s を定めればよい．

式 (4.16) の第 1 式において $\sigma'_c = \sigma'_{ca}$ とすれば，

$$\sigma'_{ca} = \cfrac{M}{\cfrac{bx}{2}\left(d-\cfrac{x}{3}\right) + nA'_s \cfrac{x-d'}{x}(d-d')}$$

$$\therefore\ A'_s = \cfrac{M - \cfrac{bx}{2}\sigma'_{ca}\left(d-\cfrac{x}{3}\right)}{n\sigma'_{ca}\cfrac{x-d'}{x}(d-d')} \quad (4.19)$$

図 4.11 における力のつり合い $C'' + C' = T$ から，

$$\frac{1}{2}\sigma'_{ca}bx + A'_s \cdot n\sigma'_{ca}\frac{x-d'}{x} = A_s \sigma_{sa},$$

4.4 曲げ部材の曲げ応力度および断面の算定

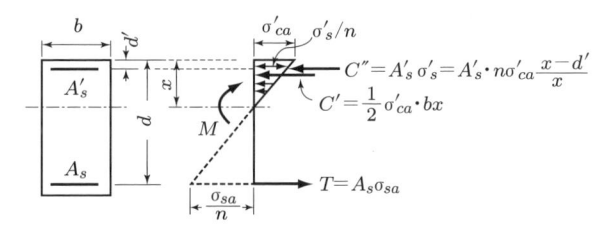

図 4.11 複鉄筋長方形断面（つり合い断面）

$$\therefore A_s = \left(\frac{1}{2}bx + n\frac{x-d'}{x}A'_s\right)\frac{\sigma'_{ca}}{\sigma_{sa}} \tag{4.20}$$

ただし，式 (4.19)，式 (4.20) 中の x の値は，

$$x = \frac{n\sigma'_{ca}}{n\sigma'_{ca} + \sigma_{sa}} \cdot d = k_o \cdot d$$

式 (4.19)，式 (4.20) から得られる鉄筋量はつり合い断面としての理想的な値であるから，これらの算出値と付表 1 または付表 3 とを照合しながら実際に用いる鉄筋を仮定し，応力度の照査を行う．

■計算例 4.6

Q. $M = 95\,\mathrm{MN\cdot mm}$ の曲げモーメントが作用する図 4.12 に示す断面の，鉄筋量 A_s，A'_s を決定せよ．ただし，$\sigma'_{ck} = 24\,\mathrm{N/mm^2}$，使用鉄筋は SD295A とする．

図 4.12

A. 表 4.5 から $\sigma'_{ca} = 8.0\,\mathrm{N/mm^2}$，表 4.10 から $\sigma_{sa} = 180\,\mathrm{N/mm^2}$，付表 6 から $k_o = 0.400$，

$$x = k_o \cdot d = 0.400 \times 400 = 160\,\mathrm{mm}$$

$$A'_s = \frac{M - \dfrac{bx}{2}\sigma'_{ca}\left(d - \dfrac{x}{3}\right)}{n\sigma'_{ca}\dfrac{x-d'}{x}(d-d')}$$

$$= \frac{95 \times 10^6 - \dfrac{300 \times 160}{2} \times 8.0 \times \left(400 - \dfrac{160}{3}\right)}{15 \times 8.0 \times \dfrac{160 - 50}{160} \times (400 - 50)} = 983\,\mathrm{mm}^2$$

$$A_s = \left(\frac{1}{2}bx + n\frac{x - d'}{x}A_s'\right) \cdot \frac{\sigma_{ca}'}{\sigma_{sa}}$$

$$= \left(\frac{1}{2} \times 300 \times 160 + 15 \times \frac{160 - 50}{160} \times 783\right) \times \frac{8.0}{180} = 1517\,\mathrm{mm}^2$$

これに対し，$A_s' = 3\text{-}\mathrm{D}22 = 1161\,\mathrm{mm}^2$，$A_s = 3\text{-}\mathrm{D}25 = 1520\,\mathrm{mm}^2$ を用いるものと仮定すると，

$$A_s + A_s' = 2681\,\mathrm{mm}^2$$

$$x = -\frac{n(A_s + A_s')}{b} + \sqrt{\left\{\frac{n(A_s + A_s')}{b}\right\}^2 + \frac{2n}{b}(A_s d + A_s' d')}$$

$$= -\frac{15 \times 2681}{300} + \sqrt{\left(\frac{15 \times 2681}{300}\right)^2 + \frac{2 \times 15}{300}(1520 \times 400 + 1161 \times 50)}$$

$$= 157\,\mathrm{mm}$$

$$\sigma_c' = \frac{M}{\dfrac{bx}{2}\left(d - \dfrac{x}{3}\right) + nA_s'\dfrac{x - d'}{x}(d - d')}$$

$$= \frac{95 \times 10^6}{\dfrac{300 \times 157}{2} \times \left(400 - \dfrac{157}{3}\right) + 15 \times 1161 \times \dfrac{157 - 50}{157} \times (400 - 50)}$$

$$= 7.7\,\mathrm{N/mm}^2 < \sigma_{ca}' = 8.0\,\mathrm{N/mm}^2$$

$$\sigma_s = n\sigma_c'\frac{d - x}{x} = 15 \times 7.7 \times \frac{400 - 157}{157} = 179\,\mathrm{N/mm}^2 < \sigma_{sa} = 180\,\mathrm{N/mm}^2$$

$$\sigma_s' = n\sigma_c'\frac{x - d'}{x} = 15 \times 7.7 \times \frac{157 - 50}{157} = 79\,\mathrm{N/mm}^2 < \sigma_{sa}' = 180\,\mathrm{N/mm}^2$$

以上から，$A_s = 3\text{-}\mathrm{D}25$，$A_s' = 3\text{-}\mathrm{D}22$ とする．

5 単鉄筋 T 形断面

　圧縮力を受けるコンクリート断面が T 形またはそれに類似した形状であるものを，**T 形断面**という（図 4.13）

　T 形断面のスラブ部分を**フランジ**（flange），幅の狭い腹部の部分を**ウェブ**（web）という．

4.4 曲げ部材の曲げ応力度および断面の算定

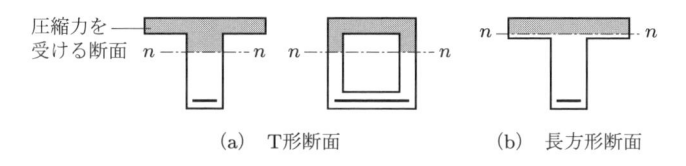

図 4.13 T 形断面

(a) T 形断面 (b) 長方形断面

全体の形状が T 形であっても，図 4.13 (b) のように圧縮部の断面形状が T 形でないものは，長方形断面として扱う．

1) 中立軸位置 (x)

図 4.14 に示すような単鉄筋 T 形断面の場合，一般にウェブに作用する圧縮応力度の値は小さく，その作用面積も小さいので，これを無視すれば，

$$bt \cdot \frac{t}{2} + nA_s d = (bt + nA_s)x, \quad \therefore \quad x = \frac{\dfrac{bt^2}{2} + nA_s d}{bt + nA_s}$$

$x \leqq t$ のときは，長方形断面として計算しなければならない．

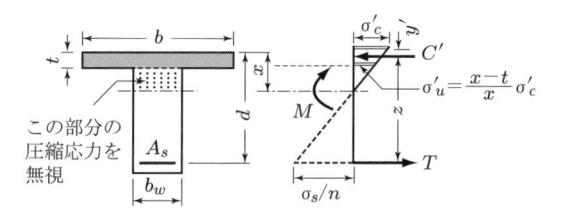

図 4.14 単鉄筋 T 形断面

2) 応力度 (σ'_c, σ_s)

フランジ部分の圧縮合力 C' は，

$$C' = \frac{1}{2}\left(\sigma'_c + \frac{x-t}{x}\sigma'_c\right)bt = \frac{\sigma'_c bt\left(x - \dfrac{t}{2}\right)}{x}$$

鉄筋位置におけるモーメントのつり合いから，

$$M = C' \cdot z = \sigma_c bt \cdot \frac{x - \dfrac{t}{2}}{x} \cdot (d - y') \qquad \text{(a)}$$

$$\sigma'_c = \cfrac{M \cdot x}{bt\left(x - \cfrac{t}{2}\right)(d - y')} \qquad (4.21)$$

C' の作用位置におけるモーメントのつり合いから，

$$M = T \cdot z = A_s \sigma_s (d - y') \qquad (b)$$

$$\sigma_s = \cfrac{M}{A_s(d - y')} \qquad (4.22)$$

y' は圧縮縁から台形図心までの距離であるから，

$$y' = \frac{t(3x - 2t)}{3(2x - t)}$$

■ 計算例 4.7
Q. 図 4.15 に示す断面に $M = 1000\,\mathrm{MN \cdot mm}$ の曲げモーメントが作用するときの，応力度の安全性を照査せよ．ただし，$\sigma'_{ck} = 24\,\mathrm{N/mm^2}$ とする．

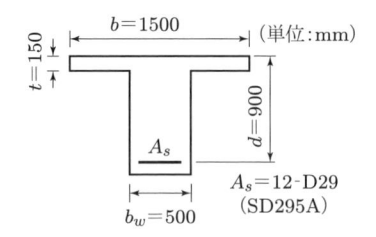

図 4.15

A. $A_s = 7709\,\mathrm{mm^2}$, $\sigma'_{ca} = 8.0\,\mathrm{N/mm^2}$, $\sigma_{sa} = 180\,\mathrm{N/mm^2}$

$$x = \frac{\dfrac{bt^2}{2} + nA_s d}{bt + nA_s} = \frac{\dfrac{1500 \times 150^2}{2} + 15 \times 7709 \times 900}{1500 \times 150 + 15 \times 7709} = 355\,\mathrm{mm} > t = 150\,\mathrm{mm}$$

ゆえに，T 形断面として計算する．

$$y' = \frac{t(3x - 2t)}{3(2x - t)} = \frac{150 \times (3 \times 355 - 2 \times 150)}{3 \times (2 \times 355 - 150)} = 68\,\mathrm{mm}$$

$$\sigma'_c = \cfrac{M \cdot x}{bt\left(x - \cfrac{t}{2}\right)(d - y')} = \cfrac{1000 \times 10^6 \times 355}{1500 \times 150 \times \left(355 - \cfrac{150}{2}\right) \times (900 - 68)}$$

$$= 6.8\,\mathrm{N/mm^2} < \sigma'_{ca} = 8.0\,\mathrm{N/mm^2}$$

$$\sigma_s = \frac{M}{A_s(d-y')} = \frac{1000 \times 10^6}{7709 \times (900-68)} = 156\,\text{N/mm}^2 < \sigma_{sa} = 180\,\text{N/mm}$$

以上より，この断面は曲げ応力度に関して安全である．

3) 抵抗曲げモーメント

2) の式 (a), (b) に，それぞれ $\sigma_c' = \sigma_{ca}'$, $\sigma_s = \sigma_{sa}$ を代入すれば，

$$\left. \begin{array}{l} M_{rc} = \sigma_{ca}' bt \dfrac{x - \dfrac{t}{2}}{x} \cdot (d-y') \\[2mm] M_{rs} = \sigma_{sa} A_s (d-y') \end{array} \right\} \quad (4.23)$$

M_{rc}, M_{rs} のうち，小さい方が抵抗曲げモーメント M_r である．

4) 断面の算定

T 形断面として多用されるのがコンクリート T 桁橋であり，この場合はフランジとなる床版の厚さや主桁として一体的に機能する幅（有効幅）はそれぞれの規定により決定でき，また，ウェブの幅や高さなどの寸法も既往の設計例などから仮定できるため，T 形断面の寸法諸元を白紙状態から決定するようなことはほとんどない．したがって一般的な断面算定方法の説明は省略する．

6 高さが変化するはり

1) 中立軸位置 (x)

図 4.16 における応力度の比例関係から，

$$\left. \begin{array}{l} \dfrac{\sigma_c'}{x} = \dfrac{\sigma'}{y}, \quad \sigma' = \sigma_c' \dfrac{y}{x} \\[3mm] \dfrac{\sigma_c'}{x} = \dfrac{\sigma_s'/n}{x-d}, \quad \sigma_s' = n\sigma_c' \dfrac{x-d}{x} \\[3mm] \dfrac{\sigma_c'}{x} \fallingdotseq \dfrac{\sigma_s/n}{d-x}, \quad \sigma_s = n\sigma_c' \dfrac{d-x}{x} \end{array} \right\} \quad (4.24)$$

はりの軸線に直交する断面に作用する合力 C', C'' および T は，

$$\begin{aligned} C' &= \int \sigma'(\mathrm{d}A\cos\beta) = \int \sigma_c' \frac{y}{x} \cdot \mathrm{d}A\cos\beta = \cos\beta \frac{\sigma_c'}{x} \int y \cdot \mathrm{d}A \\ &= \cos\beta \frac{\sigma_c'}{x} \cdot G_c', \quad \text{ただし，} \quad G_c' = \int y \cdot \mathrm{d}A \end{aligned}$$

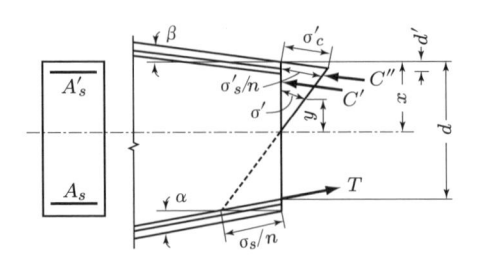

図 4.16 高さが変化するはり

$$C'' = A'_s \sigma'_s = A'_s \cdot n\sigma'_c \frac{x-d'}{x} = n\frac{\sigma'_c}{x} \cdot A'_s(x-d')$$

$$= n \cdot \frac{\sigma'_c}{x} \cdot G'_s, \quad ただし, \quad G'_s = A'_s(x-d')$$

$$T = A_s \sigma_s \fallingdotseq A_s \cdot n\sigma'_c \frac{d-x}{x} = n\frac{\sigma'_c}{x} \cdot A_s(d-x)$$

$$= n \cdot \frac{\sigma'_c}{x} \cdot G_s, \quad ただし, \quad G_s = A_s(d-x)$$

水平方向の力のつり合いから,

$$C' \cdot \cos\beta + C'' \cdot \cos\beta - T \cdot \cos\alpha = 0$$

$$\left(\cos\beta \frac{\sigma'_c}{x} \cdot G'_c\right)\cos\beta + \left(n\frac{\sigma'_c}{x} \cdot G'_s\right)\cos\beta - \left(n\frac{\sigma'_c}{x} \cdot G_s\right)\cos\alpha = 0$$

$$\therefore \quad G'_c \cos^2\beta + nG'_s \cos\beta - nG_s \cos\alpha = 0 \tag{4.25}$$

これが,中立軸位置 x の算定式である.図 4.17 に示す長方形断面の場合には,

$$G'_c = \frac{bx^2}{2}, \quad G_s = A'_s(x-d'), \quad G_s = A_s(d-x)$$

であるから,

$$\frac{bx^2}{2}\cos^2\beta + nA'_s(x-d')\cos\beta - nA_s(d-x)\cos\alpha = 0$$

$$\frac{b}{2}\cos^2\beta \cdot x^2 + n(A_s\cos\alpha + A'_s\cos\beta) \cdot x$$

$$- n(A_s d\cos\alpha + A'_s d'\cos\beta) = 0$$

図 4.17

$$\therefore \quad x = \frac{1}{b\cos^2\beta}\left\{-n(A_s\cos\alpha + A'_s\cos\beta)\right.$$
$$\left. + \sqrt{n^2(A_s\cos\alpha + A'_s\cos\beta)^2 + 2bn(A_sd\cos\alpha + A'_sd'\cos\beta)\cos^2\beta}\right\}$$

2) 応力度

$I_i = I_c \cdot \cos^2\beta + nI'_s\cos\beta + nI_s \cdot \cos\alpha$ とすれば,

$$\left.\begin{aligned}\sigma'_c &= \frac{M}{I_i} \cdot x \\ \sigma_s &= n\sigma'_c \frac{d-x}{x} \\ \sigma'_s &= n\sigma'_c \frac{x-d'}{x}\end{aligned}\right\} \quad (4.26)$$

I_i の値は, 図 4.17 に示す長方形断面の場合には, 次のようになる.

$$I_c = \frac{bx^3}{3}, \quad I'_s = A'_s(x-d')^2, \quad I_s = A_s(d-x)^2$$
$$\therefore \quad I_i = \frac{bx^3}{3}\cos^2\beta + nA'_s(x-d')^2\cos\beta + nA_s(d-x)^2\cos\alpha$$

4.5　せん断応力度の計算

1　一般式

図 4.18 に示すような曲げを受けるはりにおいて, 微小距離 dl だけ隔たった 2 断面に作用する曲げモーメントを M および $M + dM$ とすれば, それらに応じた上縁の圧縮応力度は σ'_c および $\sigma'_c + d\sigma'_c$ となって dl 区間に水平力の不均衡が生じ, その不均衡力とつり合う力として**せん断応力**が生じる.

中立軸から v だけ上方におけるせん断応力度を τ_v, 中立軸から y だけ上方の位置における垂直応力度を σ'_y および $\sigma'_y + d\sigma'_y$ とすれば, τ_v の作用水平面よりも上方の dl 区間のコンクリートに作用する水平方向の力のつり合いから,

$$\tau_v \cdot b_y \cdot dl = \int_v^x b_y \cdot d\sigma'_y \cdot dy$$

上式の左辺は, 中立軸から v だけ上方の水平面（dl 区間）に作用するせん断力であり, 右辺は τ_v 面よりも上方の dl 区間における σ'_c の不均衡力である.

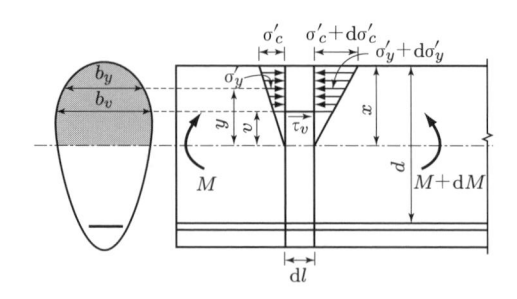

図 4.18 せん断応力度

$$\tau_v = \frac{1}{b_v} \int_v^x b_y \cdot \frac{\mathrm{d}\sigma'_y}{\mathrm{d}l} \cdot dy$$

$$\sigma_v = \frac{M}{I_i} \cdot y, \quad \frac{\mathrm{d}\sigma'_y}{\mathrm{d}l} = \frac{y}{I_i} \cdot \frac{\mathrm{d}M}{\mathrm{d}l} = \frac{y \cdot V}{I_i}$$

であるから，

$$\tau_v = \frac{1}{b_v} \int_v^x by \cdot \frac{yV}{I_i} \cdot \mathrm{d}y = \frac{V}{I_i b_v} \int_v^x by \cdot y \cdot \mathrm{d}y = \frac{V G_v}{I_i b_v}$$

すなわち，

$$\tau_v = \frac{V \cdot G_v}{I_i \cdot b_v} \tag{4.27}$$

ここに，$G_v = \displaystyle\int_v^x by \cdot y \cdot \mathrm{d}y$：$v$ よりも上方の断面の中立軸に関する一次モーメント．V：断面に作用するせん断力．$I_i = I_c + nI'_s + nI_s$：引張側コンクリート断面を無視した換算断面二次モーメント．

2 単鉄筋長方形断面

(1) 一 般 式

図 4.19 において，

$$M = C' \cdot z = \frac{1}{2}\sigma'_c bxz$$

$$\sigma'_c = \frac{M}{I_i}x \text{ から，} \quad I_i = \frac{M \cdot x}{\sigma'_c} = \frac{x}{\sigma'_c} \cdot \frac{1}{2}\sigma'_c bxz = \frac{bx^2}{2}\left(d - \frac{x}{3}\right)$$

また，

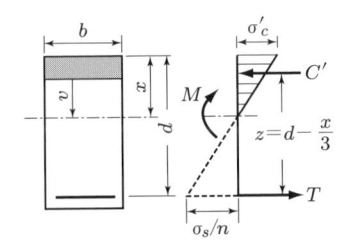

図 4.19 単鉄筋長方形断面

$$G_v = \frac{b}{2}(x^2 - v^2)$$

これらを一般式 (4.27) に代入すれば，

$$\tau_v = \frac{VG_v}{I_i b_v} = \frac{2}{bx^2\left(d - \dfrac{x}{3}\right)} \cdot \frac{V}{b} \cdot \frac{b}{2}(x^2 - v^2) = \frac{V}{b\left(d - \dfrac{x}{3}\right)} \cdot \frac{x^2 - v^2}{x^2}$$

すなわち，

$$\tau_v = \frac{V}{b\left(d - \dfrac{x}{3}\right)} \cdot \frac{x^2 - v^2}{x^2}, \quad \text{または，} \quad \tau_v = \frac{V}{bjd} \cdot \frac{x^2 - v^2}{x^2} \quad (4.28)$$

(2) 中立軸におけるせん断応力度

中立軸におけるせん断応力度は，式 (4.28) において $v = 0$ として，

$$\tau = \frac{V}{bjd} \quad (4.29)$$

(3) せん断応力度の分布

式 (4.28) から，断面の圧縮縁 ($x = v$) では $\tau = 0$，圧縮縁から中立軸までは τ の値は放物線状に変化し，中立軸位置において最大値となることがわかる．

中立軸よりも下方（引張断面）では，コンクリート断面を無視するので G_v の値は中立軸における値と変わらず，引張鉄筋位置まで τ の値は中立軸における値と同じになるので，断面内におけるせん断応力度の分布は，図 4.20 に示すようになる．

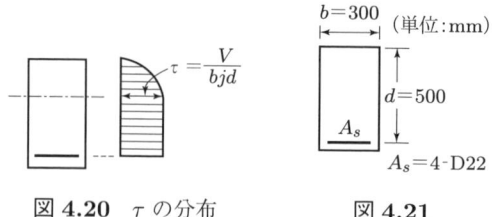

図 4.20　τ の分布　　　図 4.21

■ 計算例 4.8

Q. 図 4.21 に示す断面に，$V = 45\,\text{kN}$ のせん断力が作用するときのせん断応力度 τ を求めよ．

A. $A_s = 1548\,\text{mm}^2$, $p = \dfrac{A_s}{bd} = \dfrac{1548}{300 \times 500} = 0.0103$, $j = 0.859$,

$\therefore \quad \tau = \dfrac{V}{bjd} = \dfrac{45,000}{300 \times 0.859 \times 500} = 0.35\,\text{N/mm}^2$

③ T 形断面

図 4.22 に示す T 形断面において，ウェブ部分に作用する圧縮応力を無視すれば，ウェブの最大せん断応力度は，

$$\tau = \dfrac{V}{b_w \cdot z} \tag{4.30}$$

ただし，

$$z = d - \dfrac{t(3x - 2t)}{3(2x - t)}, \quad \text{または，} \quad z \fallingdotseq d - \dfrac{t}{2}$$

$$x = \dfrac{\dfrac{bt^2}{2} + nA_s d}{bt + nA_s} \quad (> t)$$

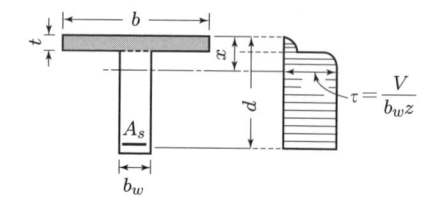

図 4.22　T 形断面の τ の分布 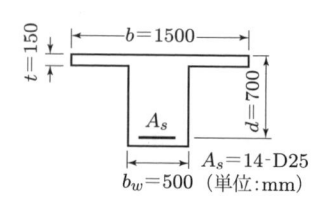　　　図 4.23

4.5 せん断応力度の計算　51

■ 計算例 4.9

Q. 図 4.23 に示す断面に $V = 110\,\text{kN}$ のせん断力が作用するときの，せん断応力度を求めよ．

A. $A_s = 7094\,\text{mm}^2$

$$x = \frac{\dfrac{bt^2}{2} + nA_s d}{bt + nA_s} = \frac{\dfrac{1500 \times 150^2}{2} + 15 \times 7094 \times 700}{1500 \times 150 + 15 \times 7094} = 276\,\text{mm}(> t = 150\,\text{mm})$$

$$z = d - \frac{t(3x - 2t)}{3(2x - t)} = 700 - \frac{150 \times (3 \times 276 - 2 \times 150)}{3 \times (2 \times 276 - 150)} = 634\,\text{mm}$$

$$\therefore \quad \tau = \frac{V}{b_w \cdot z} = \frac{110{,}000}{500 \times 634} = 0.35\,\text{N/mm}^2$$

④ 高さが変化するはり

図 4.24 におけるモーメントのつり合いから，

$$M = T\cos\alpha \cdot z, \quad T\cos\alpha = \frac{1}{z}M$$

上式の両辺を l で微分すると，

$$\frac{dT}{dl}\cdot\cos\alpha = \frac{1}{z}\cdot\frac{dM}{dl} - \frac{M}{z^2}\cdot\frac{dz}{dl} = \frac{V}{z} - \frac{M}{z^2}\cdot\frac{dz}{dl}$$

$\dfrac{z}{d} = j \fallingdotseq$ 一定とすれば，上式中の $\dfrac{dz}{dl}$ は，

$$\frac{dz}{dl} = \frac{d}{dl}\left(\frac{z}{d}\cdot d\right) \fallingdotseq j\frac{dd}{dl} = j\cdot\frac{dd_\alpha + dd_\beta}{dl} = j(\tan\alpha + \tan\beta)$$

dl 区間の水平力のつり合いから，

$$\tau\cdot b\cdot dl = dT\cdot\cos\alpha, \quad \tau = \frac{1}{b}\cdot\frac{dT}{dl}\cos\alpha = \frac{1}{bz}\left\{V - \frac{M}{d}(\tan\alpha + \tan\beta)\right\}$$

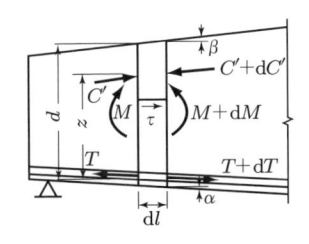

図 4.24　高さが変化するはり

すなわち，

$$\tau = \frac{1}{bjd}\left\{V - \frac{M}{d}(\tan\alpha + \tan\beta)\right\} = \frac{V_1}{bjd} \tag{4.31}$$

ここに，V_1：はり高さの変化を考慮したせん断力 $\left(= V - \frac{M}{d}(\tan\alpha + \tan\beta)\right)$．$M$：作用曲げモーメント．$\alpha, \beta$：はりの下面および上面の傾斜角．

式 (4.31) を高さが一定のはりのせん断応力度 $\tau = \dfrac{V}{bjd}$ と対比すると，{ } 内の第 2 項がはりの上・下面の傾斜に伴うせん断力の補正項であることがわかる．この値は，上・下面の傾きが曲げモーメントの増加する方向に有効高さが減少する場合には負号を，有効高さが増す場合には正号をとる（図 4.25）．

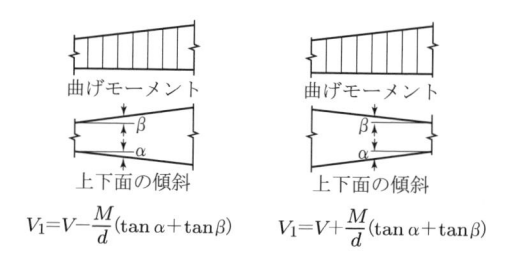

図 4.25 高さの変化による V の補正項の符合のとり方

4.6　せん断補強鉄筋の計算と配置

1 斜め引張応力

鉄筋コンクリートばりの内部には，曲げによる垂直応力度 σ とせん断応力度 τ とが合成されて斜め引張応力が生じる．その最大値は，次式の主引張応力度 σ_I で表される．

$$\left.\begin{array}{l} \sigma_\mathrm{I} = \dfrac{\sigma}{2} + \sqrt{\left(\dfrac{\sigma}{2}\right)^2 + \tau^2} \\[2mm] \tan 2\theta = \dfrac{2\tau}{\sigma} \end{array}\right\} \tag{4.32}$$

ここに，θ：主応力を生じる面が，はりの軸線となす角度．

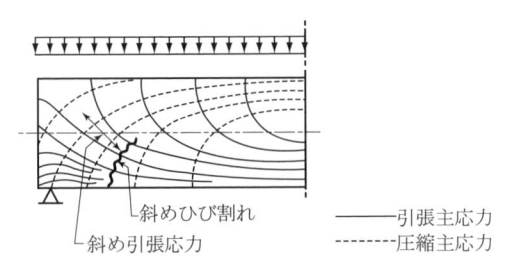

図 4.26 斜め引張応力と斜めひび割れ

式 (4.32) から，σ が支配的な支間中央部では $\sigma_I \fallingdotseq \sigma$，$\theta \fallingdotseq 90°$ となり，主引張応力度の値は曲げによる垂直応力度の値に近く，その作用方向はほぼ水平方向であるのに対し，$\sigma \fallingdotseq 0$ となる支点付近では $\sigma_I \fallingdotseq \tau$ となり，その作用方向は $\theta \fallingdotseq 45°$ となることがわかる（図 4.26）．

中立面では $\sigma = 0$，$\theta = 45°$ であるから，せん断応力度 τ がそのまま斜め引張応力（主引張応力）となり，軸線に対して 45° または 135° の方向に作用する．この斜め引張応力度の値がコンクリートの引張強度を超えると，応力作用方向に直角な方向にひび割れが発生する．これを**斜めひび割れ**という．

設計ではコンクリートの曲げ引張応力度は無視することにしているので，はりの全支間にわたり中立面よりも下方の断面においては $\sigma = 0$，$\theta = 45°$，135° と考えていることになる．しかし，前述のように一般に支点付近ではせん断力が大きく，σ_I の値も大きくなるため，実際に斜めひび割れははりの支点付近に生じることが多い．

設計では，部材の引張部における斜め引張応力度はその位置の τ に等しいものとして計算を行う．

2 せん断補強鉄筋

1 に述べた斜め引張応力に抵抗させるために配置する鉄筋を，**せん断補強鉄筋**または**斜め引張鉄筋**といい，はりに用いるせん断補強鉄筋を特に**腹鉄筋**という．

腹鉄筋には**スターラップ**（stirrup）と**折曲鉄筋**（bent-up bar）とがある．スターラップは図 4.27 に示す形状に曲げ加工したものを通常は鉛直に配置し，折曲鉄筋は曲げ引張応力に余裕のある主鉄筋を 45° 方向に曲げ上げて支点付近に配置するもので，はりの場合にはこれらを併用する．

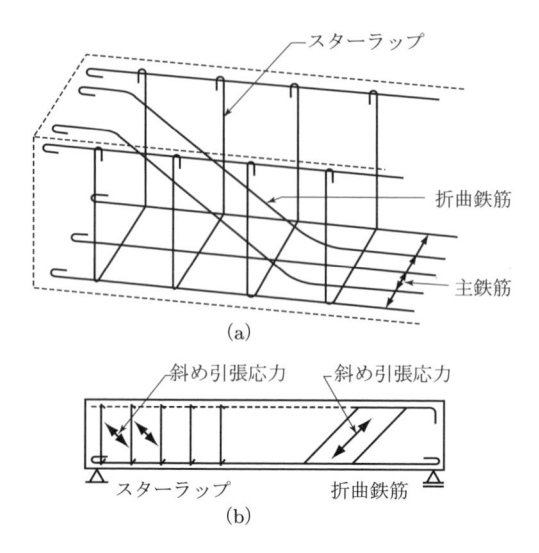

図 4.27 せん断補強鉄筋

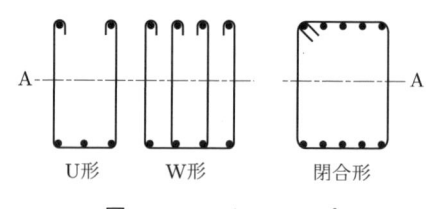

図 4.28 スターラップ

スターラップは，単鉄筋ではり幅が比較的小さいときは U 字形を，はり幅が比較的大きいときは W 形を用い，複鉄筋の場合はすべての主鉄筋を包み込むように加工した閉合形を用いる．

1 組のスターラップの断面積は，図 4.28 の A-A 断面で切断したときの切口の断面積で，U 形・閉合形の場合は鉄筋 1 本の断面積の 2 倍，W 形の場合は 4 倍である．

❸ せん断補強鉄筋の計算

(1) 一　般

せん断補強鉄筋を配置することによって，斜めひび割れの発生時期をやや遅らせることはできるが，斜めひび割れの発生を防ぐことはできない．しかし，斜めひび割れ発生後は斜め引張応力の大部分をせん断補強鉄筋が負担し，せん断

破壊に対する安全性を保持する．

4.2-❷で述べたように，道路橋の設計ではせん断応力度 τ のかわりに平均せん断応力度 $\tau_m(=V/b_w\cdot d)$ を定義し，τ_m の値とせん断補強鉄筋の算定との関係を，次のように定めている．

1. 設計荷重作用時の τ_m の値が，コンクリートが負担できる平均せん断応力度 τ_{ma}（表 4.8）の値以下であるときは，せん断補強鉄筋を計算して配置する必要はなく，最小量以上のスターラップを配置すればよい．

2. 設計荷重作用時の τ_m の値が τ_{ma} の値を超えるときは，せん断補強鉄筋を計算して配置しなければならない．

3. 終局荷重（例えば，$1.3D+2.5(L+I)$）作用時の τ_m の値が $\tau_{m,\max}$（表 4.9）の値を超えるときは，コンクリート断面を増して τ_m の値を $\tau_{m,\max}$ の値以下としなければならない．

(2) せん断補強鉄筋の所要断面積

中立軸位置において s 区間に 45°方向に生じるコンクリートの最大せん断応力（主引張応力）を，部材軸に対する角度 θ，間隔 s で配置された 1 組のせん断補強鉄筋（断面積 A_w）がその許容応力度をもって負担するものと考えると，図 4.29 から，

$$\frac{\tau b_w s}{\sqrt{2}} = A_w \cdot \cos(45°-\theta) \cdot \sigma_{sa} \tag{a}$$

上式の左辺は，s 区間に作用する主引張応力の合力であり，右辺は 1 組のせん断補強鉄筋が負担できる斜め引張力である．

式 (a) において，$\cos(45°-\theta) = \cos 45°\cdot\cos\theta + \sin 45°\cdot\sin\theta = \dfrac{1}{\sqrt{2}}(\cos\theta+\sin\theta)$ であるから，

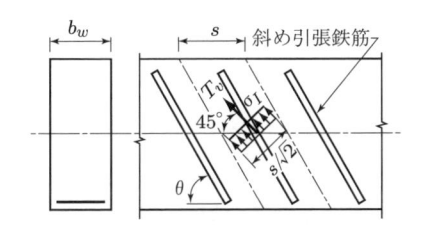

図 4.29 斜め引張鉄筋

$$\tau b_w s = A_w \sigma_{sa}(\cos\theta + \sin\theta)$$

$\tau = \dfrac{V}{b_w j d}$ として A_w について整理すると,

$$A_w = \frac{\tau b_w s}{\sigma_{sa}(\sin\theta + \cos\theta)} = \frac{V \cdot s}{\sigma_{sa} \cdot jd(\sin\theta + \cos\theta)}$$

$j \fallingdotseq 7/8$, $1/j = 1.15$ とすれば,

$$A_w = \frac{1.15 Vs}{\sigma_{sa} \cdot d(\sin\theta + \cos\theta)} \tag{4.33}$$

ただし,

$$V = V_h - V_c$$

$V_c = \tau_{ma} \cdot b_w \cdot d$：コンクリートが負担できるせん断力．$V_h$：有効高さの変化を考慮したせん断力．$\tau_{ma}$：コンクリートが負担できる平均せん断応力度．

(3) 折曲鉄筋およびスターラップの所要断面積

はりでは一般に折曲鉄筋とスターラップとが併用されるので，作用せん断力のうち折曲鉄筋およびスターラップに負担させるせん断力をそれぞれ V_b および V_v とし，それぞれの所要断面積を A_b および A_v とすると,

$$A_b = \frac{1.15 V_b \cdot s}{\sigma_{sa} \cdot d(\sin\theta + \cos\theta)}$$

折曲鉄筋は通常 $\theta = 45°$ で配置するので，$\sin\theta + \cos\theta = \sqrt{2}$ から,

$$A_b = \frac{1.15 V_b \cdot s}{\sqrt{2}\sigma_{sa} \cdot d} \tag{4.34}$$

スターラップは，一般に鉛直方向 $(\theta = 90°)$ に配置するので，$\sin\theta + \cos\theta = 1$ から,

$$A_v = \frac{1.15 V_v \cdot s}{\sigma_{sa} \cdot d} \tag{4.35}$$

道路橋示方書では，$V_v \geqq V_b$，かつ $V_c + V_b + V_v > V$ となるように A_b, A_v を定めることとされている．

式 (4.34) において $V_b = b_w d \tau_{mb}$，式 (4.35) において $V_v = b_w d \tau_{mv}$ とし，σ_{sa} にかえて σ_{sb}, σ_{sv} とおけば，折曲鉄筋およびスターラップが受け持つせん断応力度 τ_{mb} および τ_{mv} が次式から得られる．

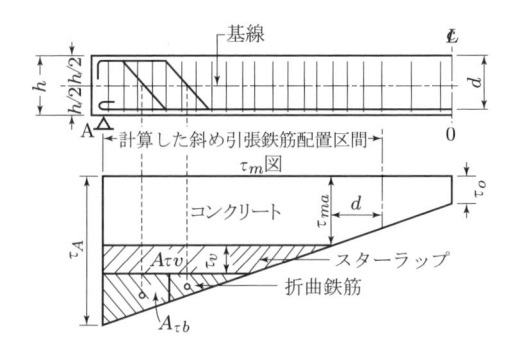

図 4.30　斜引張鉄筋配筋決定法一例

$$\left.\begin{array}{l}\tau_{mb} = \dfrac{\sqrt{2}A_b \cdot \sigma_{sb}}{1.15 b_w \cdot s} \\ \tau_{mv} = \dfrac{A_v \cdot \sigma_{sv}}{1.15 b_w \cdot s}\end{array}\right\} \qquad (4.36)$$

④ せん断補強鉄筋の配置

　斜め引張応力のうち，$\tau_c = \tau_{ma}$ はコンクリート部分で負担できるので，せん断応力図において $\tau_m \geqq \tau_{ma}$ となる区間にせん断補強鉄筋を計算して配置することになるが，規定ではせん断応力図において $\tau_m = \tau_{ma}$ となる断面からはりの有効高さ d だけ支間中央寄りの断面まで計算されたせん断補強鉄筋を配置することとされている．

　せん断補強鉄筋の配置決定の手順の一例を，次に示す（図 4.30 参照）．

 1. 支点上の平均せん断応力度 τ_{ma} と支間中央点の平均せん断応力度 τ_{mo} を求め，これらを直線で結んで τ_m 図とする（厳密には，τ_m 図はこの直線よりもやや内側に凹となるが，直線とする方が安全側で，計算も簡単になる）．

 2. τ_m 図から，コンクリート部分が負担できる平均せん断応力度 τ_{ma} を差し引く．

 3. $\tau_m \geqq \tau_{ma}$ となる区間の τ_m 図の面積 A_τ を求める．

 4. $A_\tau/2$ 以上のせん断力 $(A_{\tau v})$ をスターラップに負担させるように，スターラップの配筋を定める．その際，式 (4.36) 第 2 式で σ_{sv} の値を適宜設定して（例えば，$\sigma_{sv} = 100\,\text{N/mm}^2$ など），τ_m 図における τ_{mv} と τ_{mb} の大きさをみながら，$V_v > V_b$ となるようにスターラップの配置を決めればよい．

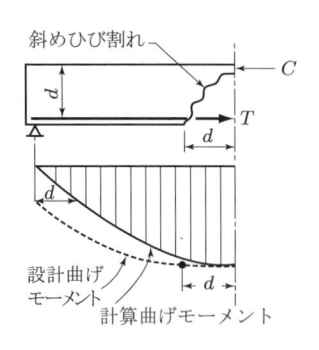

図 4.31 シフトを考慮した設計曲げモーメント

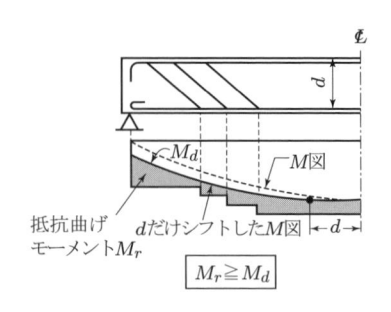

図 4.32 M_d と M_r との関係

5. 残りのせん断力 $A_{\tau b} = A_\tau - A_{\tau v}$ を折曲鉄筋に負担させるため，τ_m 図の中の $A_{\tau b}$ の面積を，使用する折曲鉄筋の組数で等分割し，それぞれの図心点から鉛直に立ち上げた線が基線（はり高さの中央線）と交差する点を通る位置に折曲鉄筋を配置する．

6. 折曲鉄筋を曲げ上げるたびにはりの抵抗曲げモーメントが減少するので，各曲げ上げ点における抵抗曲げモーメント M_r が，モーメントシフトを考慮した設計曲げモーメント M_d（図 4.31）以上となっていることを照査する（図 4.32）．

7. 4. で定めたスターラップを，$\tau_m = \tau_{ma}$ となる断面から支間中央寄りに d までの区間にも配置する．

8. 計算したせん断補強鉄筋の配置区間以外の区間には，最小量以上のスターラップを配置する．道路橋示方書では，最小量のスターラップを $A_{v,\min} = 0.002 b_w s$ と定めている．

また，道路橋示方書では，スターラップ，折曲鉄筋とも直径 13 mm 以上の鉄筋を使用すること，計算したスターラップを配置する区間のスターラップ間隔は $d/2$ 以下で，かつ 300 mm 以下，その他の区間のスターラップ間隔ははり高の 3/4 以下で，かつ 400 mm 以下とすること，また，折曲鉄筋の間隔は d 以下とすべきことが定められている．

4.7　ねじりモーメントを受ける部材

1　概　　説

ねじりモーメントには，つり合いねじりモーメントと変形適合モーメントとがある．前者は，構造系全体における力のつり合いを満足するために，部材が抵抗しなければならないねじりモーメントで，曲線桁橋の主桁や，ねじり抵抗を考慮しないとその構造系が成立しない部材については，ねじりモーメントに対する照査を行う必要がある．

後者は，不静定構造を構成する部材の変形によって生じるねじりモーメントである．しかし，コンクリート部材に斜めひび割れが生じると，ねじり剛性が低下して作用ねじりモーメントは非常に小さくなるうえ，設計荷重作用時でも初期のひび割れ形成によってねじりモーメントは解放されること，部材に配置されている最小量以上のせん断補強鉄筋によってひび割れの進展は抑制されることなどから，一般にはこのねじりモーメントに対する照査は省略できる．

鉄筋コンクリート部材がねじりモーメントを受けると，部材断面にはせん断応力が生じ，主引張応力度の大きさがコンクリートの引張強度を超えると，斜めひび割れが発生する．ねじりによるひび割れは，部材の側面だけでなく上・下面にも生じ，全体としてらせん状の斜めひび割れとなる．

2　ねじりモーメントによる応力度

(1) コンクリートのせん断応力度

ねじりモーメントによるコンクリートのせん断応力度 τ_t は，次式から求めることができる．

$$\tau_t = \frac{M_t}{K_t} \tag{4.37}$$

ここに，M_t：部材断面に作用するねじりモーメント (N·mm)．K_t：ねじり係数 (mm^3)．

長方形，T形および箱型の各断面の K_t の値を，表4.13に示す．同表中に同時に示したねじり定数 J_t(mm^4) は，次式により部材の単位長さあたりのねじり回転角（ねじり率）ζ を求めるときに必要である．

$$\zeta = M_t / G J_t$$

表 4.13 K_t, J_t の値

断面形状	K_t	J_t
長方形 b:長方形断面の短辺の長さ(mm) h:長方形断面の長辺の長さ(mm)	1) 長辺の中央において $K_t = \dfrac{b^2 h}{\eta_1}$ 2) 短辺の中央において $K_t = \dfrac{b^2 \cdot h}{\eta_1 \cdot \eta_2}$ | h/b | η_1 | η_2 | η_3 | h/b | η_1 | η_2 | η_3 | | 1 | 4.80 | 1.00 | 7.11 | 10 | 3.20 | 0.742 | 3.20 | | 2 | 4.07 | 0.795 | 4.37 | 20 | 3.10 | 0.742 | 3.10 | | 3 | 3.74 | 0.753 | 3.80 | ∞ | 3.00 | 0.742 | 3.00 | | 5 | 3.43 | 0.743 | 3.43 | | | | |	$J_t = \dfrac{b^3 \cdot h}{\eta_3}$
T 形 h_i, b_i:分割した長方形断面の長辺および短辺の長さ(mm) b'_i:注目する分割長方形の短辺の長さ(mm)	$K_t = \dfrac{\sum h_i \cdot b_i^3}{3.5 b'_i}$	$J_t = \dfrac{\sum h_i \cdot b_i^3}{\eta_3}$
箱 形 部材の厚さとその厚さ方向の箱形断面の全幅との比が0.15をこえる場合は，中実断面とみなしてK_tを求めるのがよい．	$\tau_{ti} = \dfrac{M}{K_{ti}}$ $K_{ti} = 2 A_m \cdot t_i$ ここに， $A_m = b_1 \cdot h_1$ $b_1 = b - \left(\dfrac{t_1}{2} + \dfrac{t_3}{2}\right)$ $h_1 = h - \left(\dfrac{t_2}{2} + \dfrac{t_4}{2}\right)$	$J_t = \dfrac{1}{\dfrac{1}{4 A_m^2}\left(\dfrac{h_1}{t_1} + \dfrac{b_1}{t_2} + \dfrac{h_1}{t_3} + \dfrac{b_1}{t_4}\right)}$

ここに，$G = E_c/(2(1+\nu))$：せん断弾性係数．ν：ポアソン比．

(2) 鉄筋の応力度

ねじりモーメントに対して配置する横方向鉄筋および軸方向鉄筋の応力度 σ_{st} および σ_{sl} は，次式により算定できる．

4.7 ねじりモーメントを受ける部材

$$\left.\begin{array}{l}\sigma_{st} = \dfrac{M_t \cdot a}{1.6 b_t \cdot h_t \cdot A_{wt}} \quad (\text{N/mm}^2) \\[2mm] \sigma_{sl} = \dfrac{M_t(b_t + h_t)}{0.8 b_t \cdot h_t \cdot A_{lt}} \quad (\text{N/mm}^2)\end{array}\right\} \quad (4.38)$$

ここに，M_t：部材断面に作用するねじりモーメント（N·mm）．A_{wt}：間隔 a で配置される，ねじりモーメントに対する横方向鉄筋1本の断面積（mm²）．A_{lt}：部材断面に配置される，ねじりモーメントに対する軸方向鉄筋の全断面積（mm²）．a：横方向鉄筋の間隔（mm）．b_t，h_t：図4.33に示す幅および高さ（mm）．

(a) 長方形断面　(b) T形断面　(c) 箱形断面

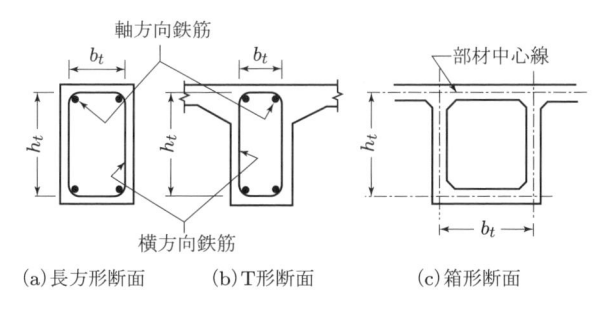

図 4.33　式 (4.38) に用いる b_t，h_t

❸ 設計荷重作用時の安全性の照査

設計荷重作用時には，式 (4.37) から求めた応力度が表4.8に示す許容値以下であることを照査する．また，式 (4.38) による鉄筋の応力度が，表4.10の許容応力度以下であることを照査する．ただし，式 (4.37) より求めたねじりモーメントによるコンクリートのせん断応力度 τ_t または τ_t と式 (4.4) から求めたせん断力による平均せん断応力度 τ_m の和が表4.8に示す値以下の場合は，式 (4.38) の鉄筋応力度の照査は行わなくてよい．

終局荷重作用時の安全性の照査については，5.6節で述べる．

■ 計算例 4.10

Q. 図4.34に示す一般の鉄筋コンクリート部材に，$M_t = 6\,\text{MN·mm}$ のねじりモーメントと $V = 40\,\text{kN}$ のせん断力が作用するときの，ねじりによる応力度の安全性を照査せよ．ただし，$\sigma'_{ck} = 27\,\text{N/mm}^2$ とする．

A. $A_{wt} = \text{D13} = 126.7\,\text{mm}^2$，$A_{lt} = 12\text{-D13} = 1520\,\text{mm}^2$．式 (4.38) により σ_{st}，σ_{sl} を求めると，

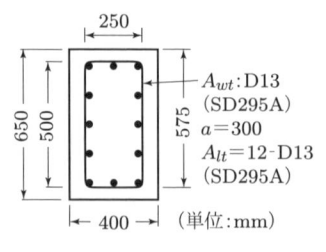

図 4.34

$$\sigma_{st} = \frac{M_t \cdot a}{1.6 b_t h_t \cdot A_{wt}} = \frac{6 \times 10^6 \times 300}{1.6 \times 250 \times 500 \times 126.7} = 71\,\text{N/mm}^2 < \sigma_{sa}\,180\,\text{N/mm}^2$$

$$\sigma_{sl} = \frac{M_t(b_t + h_t)}{0.8 b_t h_t A_{lt}} = \frac{6 \times 10^6 \times (250 + 500)}{0.8 \times 250 \times 500 \times 1520} = 30\,\text{N/mm}^2 < \sigma_{sa}\,180\,\text{N/mm}^2$$

表 4.13 から,$h/b = 650/400 = 1.63$,$\eta_1 = 4.6$

$$K_t = \frac{b^2 h}{\eta_1} = \frac{400^2 \times 650}{4.6} = 22.6 \times 10^6\,\text{mm}^3$$

式 (4.37) から,

$$\tau_t = \frac{M_t}{K_t} = \frac{6 \times 10^6}{22.6 \times 10^6} = 0.26\,\text{N/mm}^2 < \tau_{ma} = 0.42\,\text{N/mm}^2$$

以上より,この部材はねじりによる応力度に関して安全である.ちなみに,式 (4.4) から平均せん断応力度を求めると,

$$\tau_m = \frac{V}{b_w d} = \frac{40 \times 10^3}{400 \times 575} = 0.14\,\text{N/mm}^2$$

$\tau_t + \tau_m = 0.26 + 0.14 = 0.40\,\text{N/mm}^2 < \tau_{ma} = 0.42\,\text{N/mm}^2$ であるので,この場合鉄筋の応力度の照査は不要である.

4.8 偏心軸方向力を受ける部材

1 概説

ラーメン,アーチ,偏心軸方向圧縮力を受ける柱など,曲げモーメントと軸方向力とを同時に受ける部材は,図 4.35 に示すように**偏心軸方向力を受ける部材**として設計することができる.

曲げモーメントを M,軸方向力を N' とすれば,偏心軸方向力は断面の図心軸から $e = M/N'$ だけ隔った位置に作用するものと考えることができる.

応力度の計算や断面の算定を行う際に,部材の有効断面は次のようにとる.

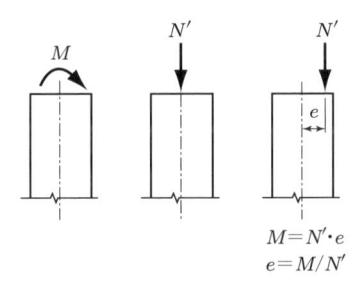

図 4.35 曲げと軸力を受ける部材

1. 軸方向圧縮力がコア[注)]内に作用する場合，または軸方向圧縮力がコア外に作用する場合でも，断面に生じる引張応力度が小さく（絶対値で圧縮応力度の 1/4 以下），ひび割れはほとんど生じないと考えられる場合は，コンクリートの全断面を有効と考える．

2. 軸方向圧縮力の作用点がコア外にあり，引張応力度が **1.** の場合よりも大きくなるときは，引張部のコンクリート断面を無視する．

以下に，長方形断面について上記の二つの場合の計算法を示す．

❷ 偏心軸方向圧縮力をコア内に受ける部材

図 4.37 に示すように，断面の対称軸上で図心軸から偏心距離 e を隔てたコア内に，軸方向圧縮力 N' が作用する場合を考える．

注）**コア**（core）
図 4.36 において，

$$\left.\begin{array}{l}\sigma_1 = \dfrac{N}{A} + \dfrac{M}{W_1} \\ \sigma_2 = \dfrac{N}{A} - \dfrac{M}{W_2}\end{array}\right\} M = N \cdot e \text{ ゆえ}, \quad \begin{array}{l}\sigma_1 = \dfrac{N}{W_1}\left(\dfrac{W_1}{A} + e\right) \\ \sigma_2 = \dfrac{N}{W_2}\left(\dfrac{W_2}{A} - e\right)\end{array}$$

$k_1 = \dfrac{W_2}{A}, \quad k_2 = \dfrac{W_1}{A}$ とおけば，$k_1 = \dfrac{I}{A} \cdot \dfrac{1}{y_2}, \quad k_2 = \dfrac{I}{A} \cdot \dfrac{1}{y_1}$ ゆえ，

$\sigma_1 = \dfrac{N}{W_1}(k_2 + e), \; \sigma_2 = \dfrac{N}{W_2}(k_1 - e)$

$e = -k_2$ で $\sigma_1 = 0$, $e = k_1$ で $\sigma_2 = 0$ となることから，e が $k_1 \sim -k_2$ の範囲にあるとき，断面に引張応力は生じない．このように，$\sigma_1 = \sigma_2 = 0$ となるような軸力作用点の軌跡が囲む部分を「コア」という．長方形断面の場合には，図 4.36 右図のアミ掛けを施した部分がコアである．

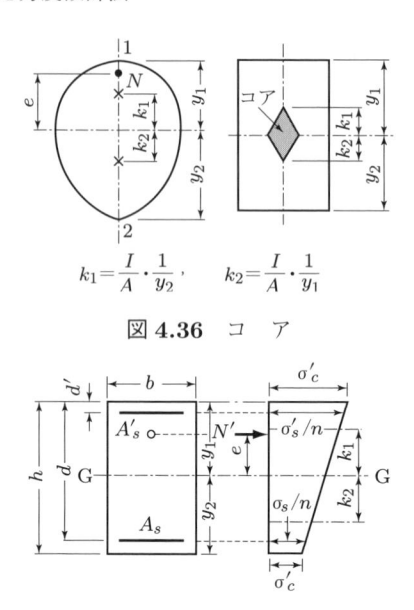

$$k_1 = \frac{I}{A} \cdot \frac{1}{y_2}, \quad k_2 = \frac{I}{A} \cdot \frac{1}{y_1}$$

図 4.36 コ ア

図 4.37 偏心軸圧縮力をコア内に受ける部材

(1) 垂直応力度

上・下縁におけるコンクリートの応力度 σ_c, σ'_c および上側・下側の鉄筋の応力度 σ'_s, σ_s は，次式から得られる．

$$\left.\begin{array}{l} \sigma_c = \dfrac{N'}{A_i} + \dfrac{N' \cdot e}{I_i} \cdot y_1, \quad \sigma'_c = \dfrac{N'}{A_i} - \dfrac{N' \cdot e}{I_i} \cdot y_2 \\[2mm] \sigma'_s = n\left\{\sigma_c - (\sigma_c - \sigma'_c)\dfrac{d'}{h}\right\}, \quad \sigma_s = n\left\{\sigma_c - (\sigma_c - \sigma'_c)\dfrac{d}{h}\right\} \end{array}\right\} \quad (4.39)$$

ここに，

$$\left.\begin{array}{l} A_i = bh + n(A_s + A'_s) \\[2mm] I_i = \dfrac{b}{3}(y_1{}^3 + y_2{}^3) + n\{A_s(d-y_1)^2 + A'_s(y_1-d')^2\} \end{array}\right\} \quad (4.40)$$

$$e = M/N'$$

y_1, y_2 は，図心から上縁，下縁までの距離で，

$$\left.\begin{array}{l} y_1 = \dfrac{\dfrac{1}{2}bh^2 + n(A_s d + A'_s d')}{bh + n(A_s + A'_s)} \\ y_2 = h - y_1 \end{array}\right\} \quad (4.41)$$

図心からコア縁までの距離 k_1, k_2 は,

$$k_1 = \frac{I_i}{A_i \cdot y_2}, \quad k_2 = \frac{I_i}{A_i \cdot y_1} \quad (4.42)$$

(2) せん断応力度

図 4.38 に示すように,全断面圧縮の場合は図心軸から v だけ隔った位置におけるせん断応力度は式 (4.27) と同じで,

$$\tau_v = \frac{V G_v}{I_i b}$$

ここに,G_v:v よりも上方の断面の図心軸に関する一次モーメント.

最大せん断応力度は図心軸上に生じ,$G_v = \dfrac{b{y_1}^2}{2} + nA'_s(y_1 - d')$ であるから,

$$\tau_{\max} = \frac{V}{bI_i}\left\{\frac{b{y_1}^2}{2} + nA'_s(y_1 - d')\right\} \quad (4.43)$$

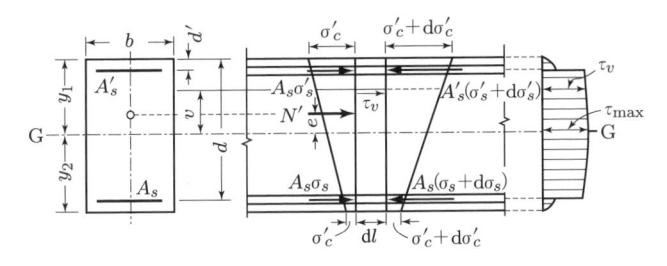

図 4.38 コア内偏心載荷におけるせん断応力度

(3) 鉄筋量の算定

コンクリートの最大圧縮応力度が許容圧縮応力度を超える場合には,圧縮鉄筋を配置する必要がある.圧縮応力度が小さい側の鉄筋量を A_s とし,A_s の値を適宜仮定すれば,未知量は A'_s だけとなる.

図 4.38 において $\sigma_c = \sigma'_{ca}$ とし,$y_1 = y_2 \fallingdotseq h/2$ として,A'_s の図心に関する内・外力によるモーメントのつり合いを考えると,

$$N'(y_1-d'-e) = \sigma_s A_s(d-d') + \sigma'_c bh\left(\frac{h}{2}-d'\right) + \frac{\sigma'_{ca}-\sigma'_c}{2}bh\left(\frac{h}{3}-d'\right)$$

また，応力度の比例関係から，

$$\left.\begin{array}{l}\sigma_s = n\left\{\sigma'_c + \dfrac{\sigma'_{ca}-\sigma'_c}{h}(h-d)\right\} \\[2mm] \sigma'_s = n\left\{\sigma'_c + \dfrac{\sigma'_{ca}-\sigma'_c}{h}(h-d')\right\}\end{array}\right\} \quad (4.44)$$

これらから，

$$\sigma'_c = \frac{N(y_1-d'-e) - nA_s\sigma'_{ca}\dfrac{h-d}{h}(d-d') - \dfrac{\sigma'_{ca}}{2}bh\left(\dfrac{h}{3}-d'\right)}{nA_s\dfrac{d(d-d')}{h} + \dfrac{bh}{6}(2h-3d')} \quad (4.45)$$

上式中の y_1 の値は A'_s の値が定まらないと決まらないが，近似的に $y_1 = h/2$ として計算する．σ'_c の値が得られれば，外力と内力とのつり合いから，

$$N' = \frac{\sigma'_{ca}+\sigma'_c}{2}\cdot bh + \sigma'_s A'_s + \sigma_s A_s$$

$$\therefore A'_s = \frac{N' - \dfrac{\sigma'_{ca}+\sigma'_c}{2}bh - \sigma_s A_s}{\sigma'_s} \quad (4.46)$$

上式中の σ_s，σ'_s は，式 (4.44) から求める．

■計算例 4.11

Q. $\sigma'_{ck} = 27\,\text{N/mm}^2$ のコンクリートと SD345 鉄筋を用いた図 4.39 に示す部材断面に，$M = 60\,\text{MN}\cdot\text{mm}$ の曲げモーメント，$N' = 800\,\text{kN}$ の軸圧縮力および $V = 50\,\text{kN}$ のせん断力が作用しているとき，
1) 偏心軸方向力 N' の作用位置を求め，断面に引張応力が生じるか否かを調べよ．
2) 垂直応力度 σ_c, σ'_c, σ'_s, σ_s を求め，応力度の安全性を照査せよ．
3) 最大せん断応力度を求めよ．また，応力度の安全性を照査せよ．

A. 1) $A'_s = 3\text{-D22} = 1161\,\text{mm}^2$, $A_s = 3\text{-D16} = 596\,\text{mm}^2$,

$$e = \frac{M}{N'} = \frac{60,000,000}{800,000} = 75\,\text{mm}$$

$$y_1 = \frac{\dfrac{1}{2}bh^2 + n(A_s d + A'_s d')}{bh + n(A_s + A'_s)}$$

4.8　偏心軸方向力を受ける部材

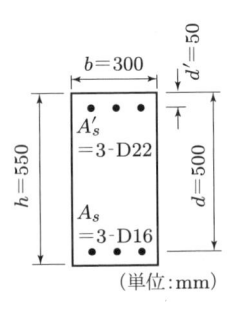

図 4.39

$$= \frac{\frac{1}{2} \times 300 \times 550^2 + 15 \times (596 \times 500 + 1161 \times 50)}{300 \times 550 + 15 \times (596 + 1161)} = 265\,\text{mm}$$

$y_2 = h - y_1 = 550 - 265 = 285\,\text{mm}$

$I_i = \dfrac{b}{3}(y_1^3 + y_2^3) + n\{A_s(d - y_1)^2 + A_s'(y_1 - d')^2\}$

$ = \dfrac{300}{3} \times (265^3 + 285^3) + 15\{596(500 - 265)^2$

$ + 1161(265 - 50)^2\} = 5470 \times 10^6\,\text{mm}^4$

$A_i = bh + n(A_s + A_s') = 300 \times 550 + 15 \times (596 + 1161) = 191 \times 10^3\,\text{mm}^2$

$k_1 = \dfrac{I_i}{A_i y_2} = \dfrac{5470 \times 10^6}{191 \times 10^3 \times 285} = 100\,\text{mm}$

$k_2 = \dfrac{I_i}{A_i y_1} = \dfrac{5470 \times 10^6}{191 \times 10^3 \times 265} = 108\,\text{mm}$

$e = 75\,\text{mm} < k_1 = 100\,\text{mm},\ e < k_2 = 108\,\text{mm}$ であるから，N' の作用点はコア内にある．したがって，引張応力は生じない．

2)　$\sigma_c = \dfrac{N'}{A_i} + \dfrac{N' \cdot e}{I_i} \cdot y_1 = \dfrac{800 \times 10^3}{191 \times 10^3} + \dfrac{800 \times 10^3 \times 75}{5470 \times 10^6} \times 265$

$ = 4.2 + 2.9 = 7.1\,\text{N/mm}^2 < \sigma_{ca}' = 10\,\text{N/mm}^2\text{(表 4.1)}$

$\sigma_c' = \dfrac{N'}{A_i} - \dfrac{N' \cdot e}{I_i} \cdot y_2 = \dfrac{800 \times 10^3}{191 \times 10^3} - \dfrac{800 \times 10^3 \times 75}{5470 \times 10^6} \times 285$

$ = 4.2 - 3.1 = 1.1\,\text{N/mm}^2 < \sigma_{ca}'$

$\sigma_s' = n\left\{\sigma_c(\sigma_c - \sigma_c')\dfrac{d'}{h}\right\} = 15 \times \left\{7.1 - (7.1 - 1.1) \times \dfrac{50}{550}\right\}$

$ = 99\,\text{N/mm}^2 < \sigma_{sa} = 196\,\text{N/mm}^2\text{(表 4.4)}$

$$\sigma_s = n\left\{\sigma_c(\sigma_c - \sigma'_c)\frac{d}{h}\right\} = 15 \times \left\{7.1 - (7.1 - 1.1) \times \frac{500}{550}\right\} = 26\,\mathrm{mm}^2 < \sigma_{sa}$$

以上から，垂直応力度に関して安全である．

3) $\quad \tau_{\max} = \dfrac{V}{bI_i}\left\{\dfrac{by_1^2}{2} + nA'_s(y_1 - d')\right\}$

$\qquad = \dfrac{50 \times 10^3}{300 \times 5470 \times 10^6}\left\{\dfrac{300 \times 265^2}{2} + 15 \times 1161 \times (265 - 50)\right\}$

$\qquad = 0.43\,\mathrm{N/mm}^2 < \tau_a = 0.475\,\mathrm{N/mm}^2\,(表4.2)$

以上から，せん断応力度に関しても安全である．

3 偏心軸圧縮力をコア外に受ける部材

図 4.40 に示すように，図心軸からの偏心距離 e のコア外の位置に軸方向圧縮力 N' が作用する場合を考える．

(1) 垂直応力度

図 4.40 における応力度の比例関係から，

$$\left.\begin{array}{l}\sigma_s = n\sigma'_c\dfrac{d-x}{x} \\[6pt] \sigma'_s = n\sigma'_c\dfrac{x-d'}{x}\end{array}\right\} \tag{4.47}$$

力のつり合い $N' = C' + C'' - T$ から，

$$N' = \frac{bx}{2}\sigma'_c + \sigma'_sA'_s - \sigma_sA_s$$

$$= \left(\frac{bx}{2} + nA'_s\frac{x-d'}{x} - nA_s\frac{d-x}{x}\right)\sigma'_c \tag{4.48}$$

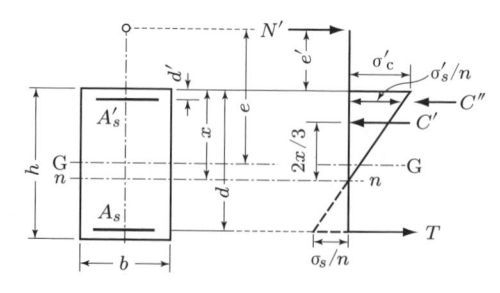

図 4.40　偏心軸圧縮力をコア外に受ける部材

4.8 偏心軸方向力を受ける部材   69

$$\therefore \sigma'_c = \cfrac{N' \cdot x}{\cfrac{bx^2}{2} + nA'_s(x-d') - nA_s(d-x)} \tag{4.49}$$

中立軸に関するモーメントのつり合いから,

$$N'(x+e') = C' \times \frac{2}{3}x + A'_s \sigma'_s(x-d') + A_s \sigma_s(d-x)$$

上式に式 (4.47), 式 (4.48) を代入して整理すれば,

$$x^3 + 3e'x^2 + \frac{6n}{b}\{A_s(d+e') + A'_s(d'+e')\}x$$
$$- \frac{6n}{b}\{A_s d(d+e') + A'_s d'(d'+e')\} = 0 \tag{4.50}$$

式 (4.50) から x を求めれば, 式 (4.49), 式 (4.47) から応力度 σ'_c, σ_s, σ'_s が求まる.

(2) せん断応力度

これは, やや煩雑な算式となるが, ここではその記述を省略する.

(3) 鉄筋量の算定

コンクリートの応力度が σ'_{ca}, 鉄筋の応力度が σ_{sa} となるような A_s および A'_s を求める.

図 4.41 から, $\cfrac{\sigma'_{ca}}{x} = \cfrac{\sigma_{sa}/n}{d-x}$, $\cfrac{\sigma'_{ca}}{x} = \cfrac{\sigma'_s/n}{x-d'}$, よって,

$$x = \frac{n\sigma'_{ca}}{n\sigma'_{ca} + \sigma_{sa}} \cdot d = k_o \cdot d$$

$$\sigma'_s = n\sigma'_{ca}\frac{x-d'}{x}$$

引張鉄筋の図心に関する外力モーメントを M_s, 圧縮鉄筋の図心に関する外力モーメントを M'_s とすると, 内・外力モーメントのつり合いから,

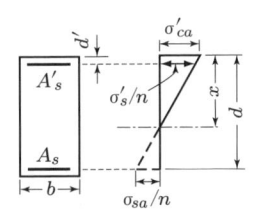

図 4.41

$$M_s = \frac{1}{2}bx\sigma'_{ca}\left(d - \frac{x}{3}\right) + A'_s\sigma'_s(d - d')$$

$$M'_s = -\frac{1}{2}bx\sigma'_{ca}\left(\frac{x}{3} - d'\right) + A_s\sigma_{sa}(d - d')$$

これらから,

$$\left.\begin{array}{c} A_s = \dfrac{M'_s + \dfrac{1}{2}bx\sigma'_{ca}\left(\dfrac{x}{3} - d'\right)}{\sigma_{sa}d - d'}, \quad A'_s = \dfrac{M_s - \dfrac{1}{2}bx\sigma'_{ca}\left(d - \dfrac{x}{3}\right)}{\sigma'_s(d - d')} \\ M_s = N'(d + e'), \quad M'_s = N'(d' + e') \end{array}\right\} \tag{4.51}$$

$A'_s \leqq 0$ となる場合は $\sigma \leqq \sigma_{ca}$ となり,圧縮鉄筋は不要である.その場合は,式 (4.51) 第 2 式から $A'_s = 0$ として d の値を求め,第 1 式から A_s を求めればよい.

4.9　付着応力度の計算

1 概　説

4.5-②に述べたように,せん断応力はコンクリート圧縮縁から引張鉄筋位置までの範囲に作用するが,引張鉄筋位置において鉄筋とコンクリートとの界面に作用するせん断応力を,**付着応力**という.

2 付着応力度の計算

図 4.42 において,微小な dl 区間における鉄筋引張力の差 dT は付着力によってコンクリートに伝達されるものと考えると,鉄筋の周長の総和を u として,

$$\tau_o \cdot u \cdot dl = dt, \quad \tau_o u = \frac{dT}{dl}$$

$M = T \cdot z$ から, $T = \dfrac{M}{z}$, $\therefore \dfrac{dT}{dl} = \dfrac{d}{dl}\left(\dfrac{M}{z}\right) = \dfrac{1}{z} \cdot \dfrac{dM}{dl} = \dfrac{v}{z}$ であるから,

$$\tau_o u = \frac{v}{z}, \quad \therefore \quad \tau_o = \frac{v}{uz} = \frac{v}{ujd} \tag{4.52}$$

ここに, V：作用せん断力. u：鉄筋の周長の総和.

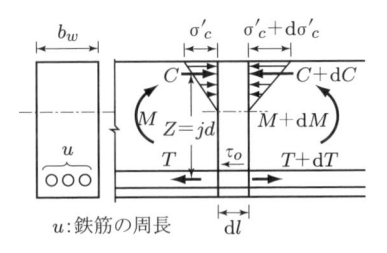

図 4.42 付着応力度

3 応力度の安全性の照査

式 (4.52) により算定された付着応力度 τ_o の値が表 4.3 または表 4.6 の許容付着応力度 τ_{oa} の値を超えなければ，設計荷重作用下における付着応力度に関して安全であると判定される．

■計算例 4.12

Q. 図 4.43 に示す断面に $V = 160\,\mathrm{kN}$ のせん断力が作用するときの，付着に対する安全性を照査せよ．ただし，$\sigma'_{ck} = 27\,\mathrm{N/mm^2}$ とする．

A. $A_s = 1548\,\mathrm{mm^2}$，$u = 280\,\mathrm{mm}$ （付表 4），

$$p = \frac{A_s}{bd} = \frac{1548}{300 \times 500} = 0.0103, \quad j = 0.859,$$

$$\tau_o = \frac{V}{ujd} = \frac{160 \times 10^3}{280 \times 0.859 \times 500}$$

$$= 1.33\,\mathrm{N/mm^2} < \tau_{oa} = 1.70\,\mathrm{N/mm^2}$$

したがって，この断面は付着応力度に関して安全である．

図 4.43

4.10 押抜きせん断応力度の計算

1 概　説

スラブやフーチングなどの面部材が集中荷重を受ける場合，図 4.44 (a) に示すように荷重直下のコンクリートが角錐状または円錐状に抜け落ちる形式の破壊（押抜きせん断破壊）を生じることがあるので，そのような可能性がある部材については，**押抜きせん断**に対する安全性の照査を行う必要がある．

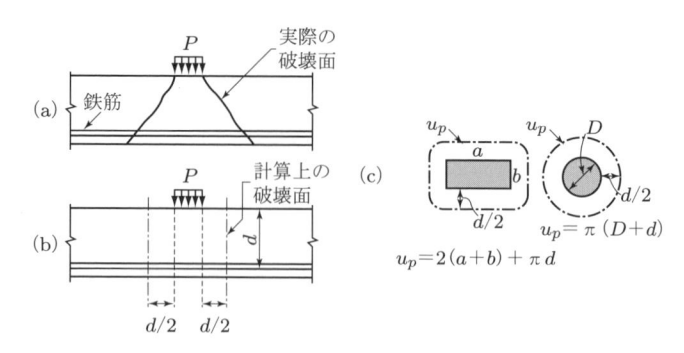

図 4.44 押抜きせん断

② 押抜きせん断応力度の計算

計算上の押抜きせん断破壊面を，図 4.44 (b) に示すように載荷面の外縁から $d/2$（d：有効高さ）だけ外側に隔った鉛直面と考えると，**押抜きせん断応力度** τ_p は，

$$\tau_p = \frac{P}{u_p \cdot d} \tag{4.53}$$

ここに，P：作用集中荷重．u_p：載荷面の外縁から $d/2$ だけ外側の仮想破壊線の周長（図 4.44 (c) 参照）．

③ 応力度の安全性の照査

式 (4.53) により算定された押抜きせん断応力度 τ_p の値が，表 4.2 の τ_{a1}（スラブの場合）または表 4.7 の許容押抜きせん断応力度 τ_{pa} の値以下であれば，設計荷重作用下における押抜きせん断応力度に関して安全であると判定される．

■計算例 4.13

Q. 図 4.45 に示すスラブの押抜きせん断応力度に関する安全性を照査せよ．ただし，$\sigma'_{ck} = 24\,\mathrm{N/mm^2}$ とする．

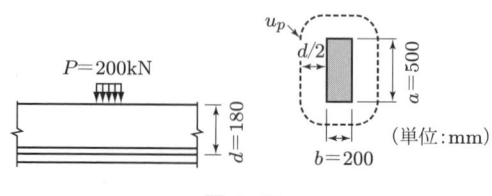

図 4.45

A. $u_p = 2(a+b) + \pi d = 2 \times (500 + 200) + \pi \times 180 = 1965\,\text{mm}$

$\tau_p = \dfrac{P}{u_p \cdot d} = \dfrac{200 \times 10^3}{1965 \times 180} = 0.57\,\text{N/mm}^2 < \tau_{pa} = 0.9\,\text{N/mm}^2$

したがって，このスラブは押抜きせん断応力度に関して安全である．

演 習 問 題

1. 図 4.46 に示す断面が，$M = 100\,\text{MN}\cdot\text{mm}$ の曲げモーメントを受けるときの応力度 σ_c，σ_s を求めよ．
2. 図 4.46 に示す断面の抵抗曲げモーメントを求めよ．ただし，$\sigma'_{ck} = 24\,\text{N/mm}^2$，使用鉄筋は SD295A とする．
3. 図 4.47 に示すはりの曲げ応力度に関する安全性を照査せよ．ただし，$\sigma'_{ck} = 27\,\text{N/mm}^2$ とし，はりの自重（単位重量は $24.5\,\text{kN/m}^3$）も考慮するものとする．
4. 図 4.48 に示す道路橋の床版に，$M = 45\,\text{MN/mm}$ 曲げモーメントが作用するときの，曲げ応力度の安全性を照査せよ．ただし，$\sigma'_{ck} = 24\,\text{N/mm}^2$ とする．

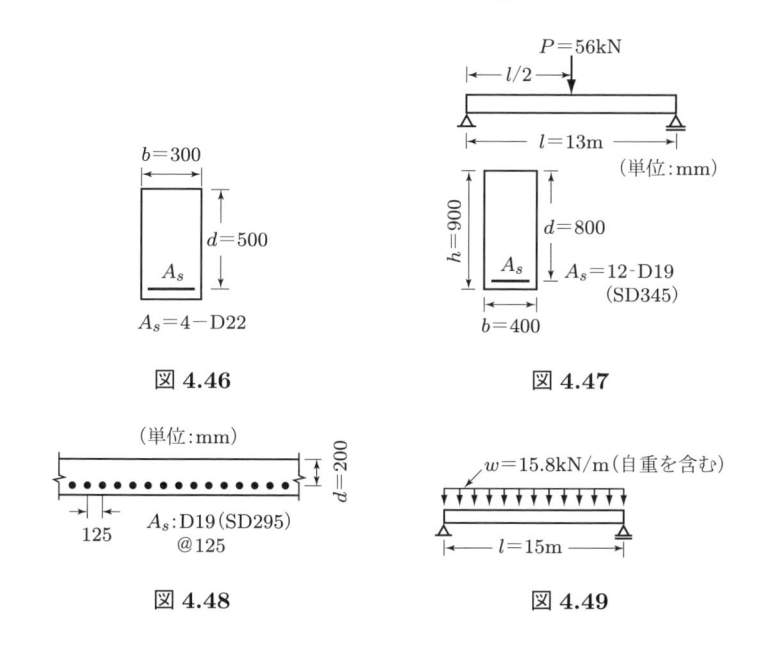

図 4.46

図 4.47

図 4.48

図 4.49

図 4.50
$b = 350$, $d' = 70$, $d = 500$ (単位:mm)
$A'_s = 3\text{-D19}$
$A_s = 5\text{-D19}$

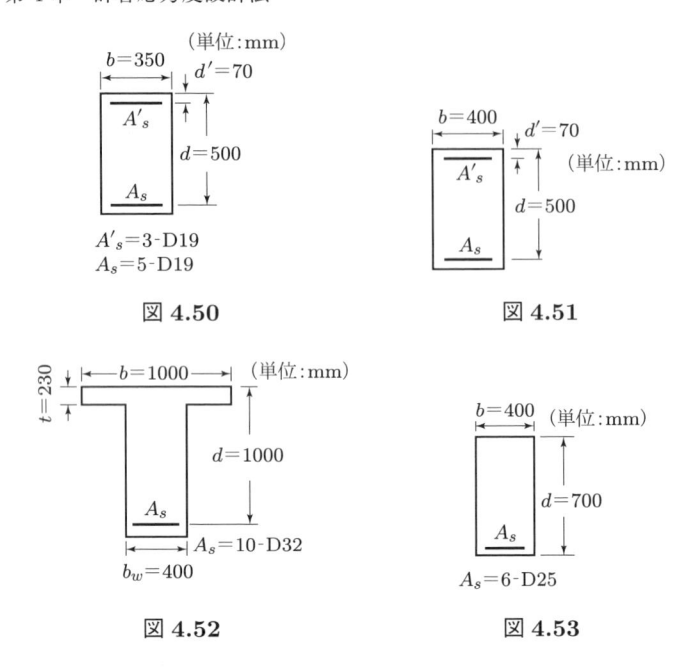

図 4.51
$b = 400$, $d' = 70$, $d = 500$ (単位:mm)

図 4.52
$t = 230$, $b = 1000$, $d = 1000$, $b_w = 400$, $A_s = 10\text{-D32}$ (単位:mm)

図 4.53
$b = 400$, $d = 700$, $A_s = 6\text{-D25}$ (単位:mm)

5. $M = 275\,\text{MN}\cdot\text{mm}$ の曲げモーメントを受けるはりの断面を，単鉄筋長方形断面として算定せよ．ただし，はりの幅は $400\,\text{mm}$，$\sigma'_{ck} = 27\,\text{N/mm}^2$，使用鉄筋は SD295A の D19 とする．

6. 図 4.49 に示す支間 $15\,\text{m}$ のはりの断面を単鉄筋長方形断面として算定せよ．ただし，はりの幅は $400\,\text{mm}$，$\sigma'_{ck} = 24\,\text{N/mm}^2$，使用鉄筋は SD295A の D29 とする．

7. 図 4.50 に示す複鉄筋長方形断面に $M = 110\,\text{MN}\cdot\text{mm}$ の曲げモーメントが作用するときの，曲げ応力度 σ'_c, σ_s, σ'_s を求めよ．

8. 図 4.50 に示す断面の抵抗曲げモーメントを求めよ．ただし，$\sigma'_{ca} = 8.0\,\text{N/mm}^2$，$\sigma_{sa} = 180\,\text{N/mm}^2$ とする．

9. 図 4.51 に示す断面に $M = 165\,\text{MN}\cdot\text{mm}$ の曲げモーメントが作用するときの，鉄筋量 A_s, A'_s を求めよ．ただし，$\sigma'_{ck} = 24\,\text{N}\cdot\text{mm}^2$，使用鉄筋は SD295A とする．

10. 図 4.52 に示す断面に $M = 1000\,\text{MN}\cdot\text{mm}$ の曲げモーメントが作用するときの，曲げ応力度 σ_c, σ_s を求めよ．

11. 図 4.52 に示す T 形ばりの抵抗曲げモーメントを求めよ．ただし，$\sigma'_{ck} = 24\,\text{N/mm}^2$，使用鉄筋は SD295A とする．

12. 図 4.53 に示す断面に $V = 90\,\text{kN}$ のせん断力が作用するときの，せん断応力度を求めよ．

13. 前問の場合の平均せん断応力度を求め，せん断補強鉄筋の計算の要否を判別せよ．ただし，$\sigma'_{ck} = 27\,\text{N/mm}^2$ とする．

図 4.54

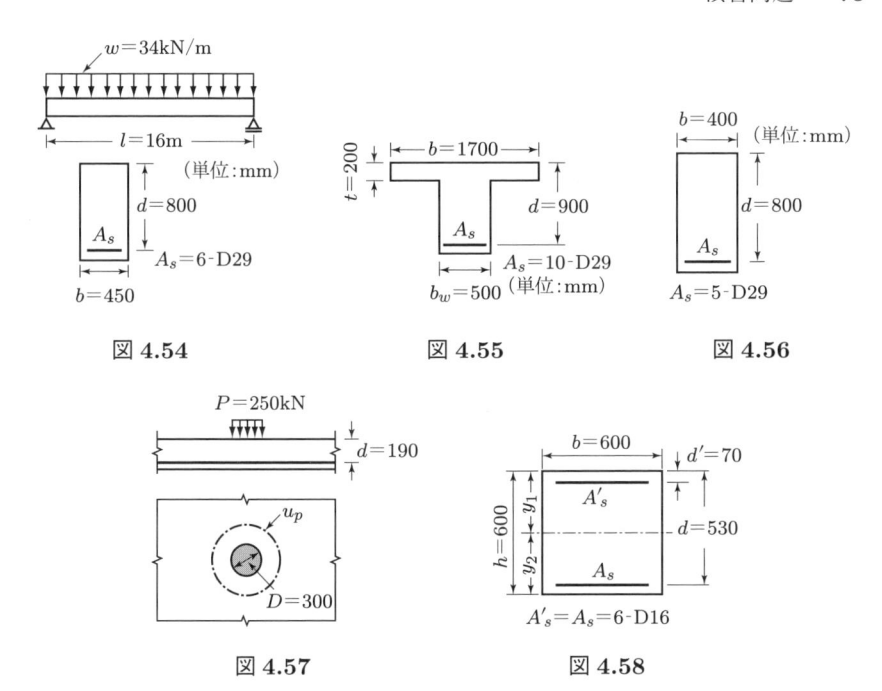

図 4.55

図 4.56

図 4.57

図 4.58

14. 図 4.54 に示すはりに生じる最大の平均せん断応力度を求めよ．
15. 図 4.55 に示す断面に $V = 150\,\mathrm{kN}$ のせん断力が作用するときの，せん断応力度 τ と平均せん断応力度 τ_m を求めよ．
16. 図 4.56 に示す断面に $V = 400\,\mathrm{kN}$ のせん断力が作用するときの，付着応力度を求めよ．
17. 図 4.54 に示すはりの付着応力度の安全性を照査せよ．ただし，$\sigma'_{ck} = 24\,\mathrm{N/mm^2}$ とする．
18. 図 4.57 に示すスラブの，押抜きせん断応力度の安全性を照査せよ．ただし，$\sigma'_{ck} = 27\,\mathrm{N/mm^2}$ とする．
19. 図 4.57 に示すスラブが，押抜きせん断応力度に関して安全を保持しうる P の最大値を求めよ．ただし，$\sigma'_{ck} = 24\,\mathrm{N/mm^2}$ とする．
20. 図 4.58 に示す断面に，$M = 100\,\mathrm{MN \cdot mm}$ の曲げモーメントと $N' = 935\,\mathrm{kN}$ の軸方向圧縮力が作用するときの
　　1) 軸方向力 N' の偏心量を求めよ．
　　2) 応力度 σ_c, σ'_c, σ'_s, σ_s を求めよ．

第5章 終局強度設計法

5.1 設計方法の概念と特徴

1 設計方法の概念

終局強度設計法は，図 5.1 に示すように，荷重の公称値に荷重係数 γ_f を乗じた設計荷重による断面力に対し，材料強度（保証値）をそのまま用い，終局強度の計算を行って得られる部材の耐力がそれを上回っていれば，その部材は破壊に対して安全であると判定する設計法である．

この設計法において，構造物または部材の安全性を支配するのは**荷重係数**（load factor）であることから，この設計法は**荷重係数設計法**とも呼ばれる．

コンクリート道路橋では，許容応力度設計法によって算定された断面について，5.3 節に述べる終局荷重に対する破壊安全度を照査する方法が採られていて，荷重係数としては死荷重に対して 1.3〜1.7，活荷重および衝撃に対して 1.7〜2.5 が用いられている．ただし，これらの値は荷重の公称値に対する純粋な割増し率を意味するものではなく，荷重係数値は材料強度や施工精度のばらつき，

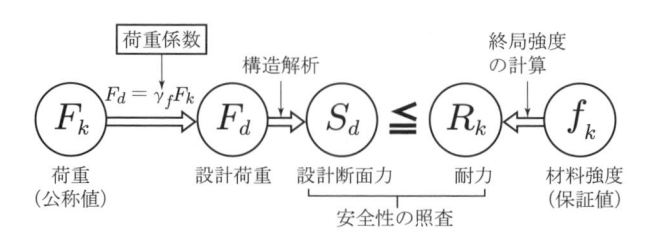

$$F_k \xrightarrow[F_d = \gamma_f F_k]{\text{荷重係数}} F_d \xrightarrow{\text{構造解析}} S_d \leq R_k \xleftarrow{\text{終局強度の計算}} f_k$$

荷重（公称値）　設計荷重　設計断面力　耐力　材料強度（保証値）

安全性の照査

図 5.1 終局強度設計法

構造解析の不確実性なども包含するものとして取扱われている．

2 設計方法の特徴

- 長所

1. 許容応力度設計法よりも，破壊に対する安全度を明確にできること．
2. 荷重係数 (γ_f) の設定において，荷重の性質の違い（例えば，死荷重はばらつきが小さく，活荷重はばらつきが大きいこと，など）を考慮することができること．

- 短所

1. 材料の性質の違い（コンクリートはもろく，強度のばらつきが大きいのに対し，鉄筋はねばり強く強度のばらつきも小さいこと）を設計に反映させにくいこと．
2. ひび割れ，たわみなどの使用性については別途検討しなければならず，煩雑であること．

- 特徴

使用性よりも耐力を重視した設計法であるといえる．

5.2 材料の設計値

1 コンクリート

(1) 設計強度

コンクリートの強度としては，設計基準強度 σ'_{ck} を用いる．レディミクストコンクリートを用いる場合は，呼び強度を設計基準強度として扱う．

(2) 終局荷重作用時におけるコンクリートの平均せん断応力度の最大値，$\tau_{m,\max}$

道路橋示方書では，$\tau_{m,\max}$ の値を表 4.9 のように規定している．

(3) 応力－ひずみ関係

図 2.4 (c) の曲線を用いる．

(4) ヤング係数

不静定力または弾性変形の計算に用いるヤング係数は，表 5.1 に示す値とする．

表 5.1 コンクリートのヤング係数, E_c

$\sigma'_{ck}(\text{N/mm}^2)$	21	24	27	30	40	50	60	70	80
$E_c(\text{kN/mm}^2)$	23.5	25	26.5	28	31	33	35	37	38

2 鉄　　筋

(1) 設計強度

鉄筋の設計強度は，JIS 規格降伏点下限値とし，σ_{sy} と表記する．圧縮強度 σ'_{sy} としては，σ_{sy} と絶対値の等しい値を用いる．

道路橋示方書では，鉄筋の降伏点または 0.2% 耐力を表 5.2 のように与えている．

表 5.2 鉄筋の降伏点または 0.2% 耐力の下限値 (N/mm²)

鉄筋の種類		鉄筋の降伏点または 0.2%耐力の下限値
丸鋼	SR235	240
異形棒鋼	SD295A,B	300
	SD345	350

(2) 応力 – ひずみ関係

図 2.6 (c) の関係を用いる．

(3) ヤング係数

鉄筋のヤング係数は，$E_s = 200\,\text{kN/mm}^2$ とする．

5.3　荷重の設計値

終局強度設計法で用いる荷重の設計値は，荷重の公称値に荷重係数 γ_f を乗じた値とする．道路橋示方書ではこれを**終局荷重**と称し，次のような荷重 (UL) を設定している．

$$\left.\begin{array}{l} ① \ UL = 1.3D + 2.5(L+I) \\ ② \ UL = 1.0D + 2.5(L+I) \\ ③ \ UL = 1.7(D+L+I) \end{array}\right\} \tag{5.1}$$

ここに，D：死荷重，L：活荷重，I：衝撃．

②は①よりも死荷重が小さい場合の方が危険側となる場合に用いる．地震の影響については，耐震設計における耐震性能の照査において考慮するので（7章），上記の終局荷重には含まれていない．

5.4 曲げ部材の破壊抵抗曲げモーメント

1 概　説

(1) はりの曲げ破壊形式

はりの曲げ破壊は，一般に引張鉄筋の降伏が先行する**曲げ引張破壊**か，またはコンクリート圧縮部の圧壊が先行する**曲げ圧縮破壊**のいずれかとなる．この両方が同時に起こる破壊を**つり合い破壊**といい，そのような破壊を生じさせるときの鉄筋比 (p_b) を**つり合い鉄筋比**という．

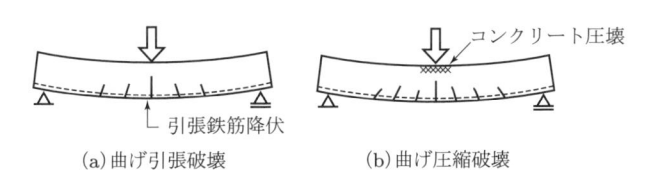

図 5.2 はりの曲げ破壊形式

1) $p < p_b$ の場合

圧縮縁のコンクリートの圧壊よりも引張鉄筋の降伏が先行する曲げ引張破壊が起こる．鉄筋は降伏後 20% 前後の伸びが生じるまで破断しないので，この破壊は粘り強い緩やかな破壊となる（図 5.2 (a)）．

2) $p > p_b$ の場合

引張鉄筋の降伏よりも圧縮縁のコンクリートの圧壊が先行する曲げ圧縮破壊が起こる．この破壊は極めてもろい爆裂的な破壊となる（図 5.2 (b)）．

実構造物では曲げ圧縮破壊は決して起こしてはならないので，安全のため鉄筋比は $p \leqq 0.75 p_b$ として設計しなければならないことが規定されている．p を p_b の 75% 以下とすることで曲げ圧縮破壊は現実には極めて起こりにくくなるが，鉄筋の実降伏点が規格下限値よりもかなり大きいような場合には鉄筋比が増したのと同じ挙動をするので，使用する鉄筋の実降伏点にも注意しておく必

要がある．

(2) 計算上の仮定

部材断面の**破壊抵抗曲げモーメント**は，次の仮定のもとに計算する．

1. 縦ひずみは，中立軸からの距離に比例する．
2. コンクリートの引張応力は，無視する．
3. コンクリートおよび鉄筋の応力-ひずみ関係は，図 5.3 のように仮定する．

(3) 等価応力ブロック

(2) の 1. の仮定によるひずみ分布（図 5.4 (a)）に対応する応力分布は，図 5.3 (a) に従えば図 5.4 (b) のようになるが，計算を簡略化するために，図 5.4 (b) を面積の等しい長方形に換算した同図 (c) をコンクリートの圧縮応力分布とみなし，これを**等価応力ブロック**という（長方形，I 形，T 形断面の場合）．

図 5.3，図 5.4 において，コンクリートの設計強度を設計基準強度 σ'_{ck} そのものではなく $0.85\sigma'_{ck}$ としているのは，σ'_{ck} は供試体強度に基づくもので，載荷板と供試体端面との間の摩擦拘束作用により供試体は見かけの強度が大きくなるため，0.85 を乗じて現場コンクリート強度に修正するためである．

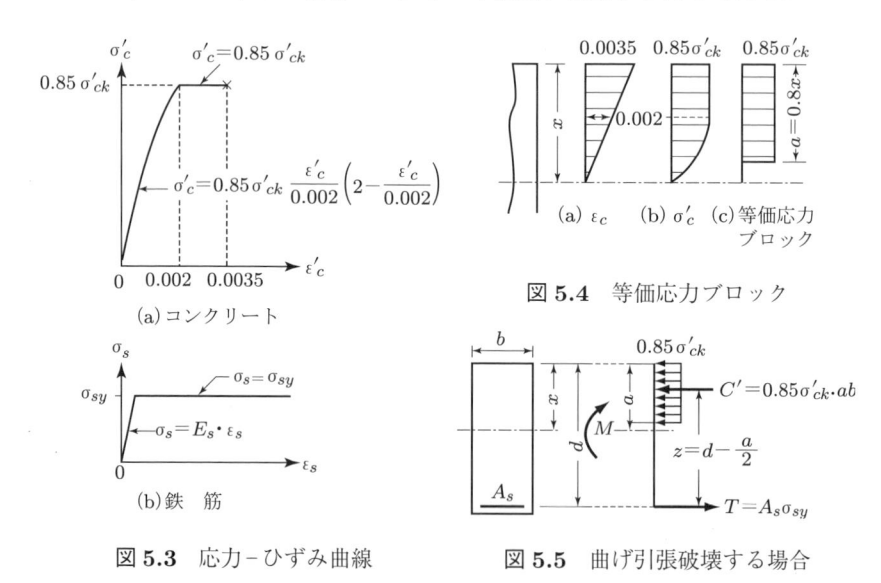

図 5.3 応力-ひずみ曲線

図 5.4 等価応力ブロック

図 5.5 曲げ引張破壊する場合

❷ 単鉄筋長方形断面

（1）曲げ引張破壊する断面の破壊抵抗曲げモーメント

図 5.5 において，力のつり合い $C' = T$ から，

$$0.85\sigma'_{ck} \cdot a \cdot b = A_s\sigma_{sy}, \quad \therefore \quad a = \frac{A_s\sigma_{sy}}{0.85\sigma'_{ck} \cdot b} \tag{5.2}$$

圧縮合力 C' の作用位置におけるモーメントのつり合い，

$$M = T \cdot z = A_s\sigma_{sy}\left(d - \frac{a}{2}\right)$$

から，破壊抵抗曲げモーメント M_u は，

$$M_u = A_s\sigma_{sy}\left(d - \frac{1}{2} \cdot \frac{A_s\sigma_{sy}}{0.85\sigma'_{ck} \cdot b}\right) \tag{5.3}$$

式 (5.3) は，鉄筋比 $p = A_s/(bd)$ が式 (5.6) から求まるつり合い鉄筋比 p_b よりも小さい場合にのみ適用できるものであるから，M_u の計算に先立って鉄筋比が $p \leqq p_b$（規定上は $p \leqq 0.75p_b$）の条件を満足することを必ず確かめなければならない．

（2）曲げ引張破壊となるための鉄筋比の条件

鉄筋が降伏する前にコンクリートが圧縮破壊しないためには，ε'_c が ε'_{cu} に達したときに鉄筋のひずみは $\varepsilon_s \geqq \varepsilon_{sy}$ となっていなければならない（図 5.6）．

$$\varepsilon_{sy} = \frac{\sigma_{sy}}{E_s}, \quad \varepsilon_s = \varepsilon'_{cu} \cdot \frac{d-x}{x}$$

であるから，

$$\varepsilon'_{cu} \cdot \frac{d-x}{x} \geqq \frac{\sigma_{sy}}{E_s}, \quad \therefore \quad x \leqq \frac{\varepsilon'_{cu}}{\varepsilon'_{cu} + \varepsilon_{sy}} \cdot d \tag{5.4}$$

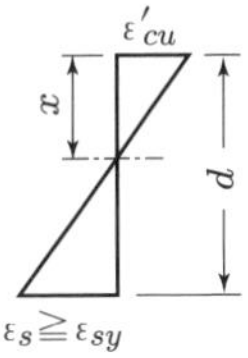

図 5.6

一方，$a = 0.8x$ から，

$$x = \frac{a}{0.8} = \frac{pd\sigma_{sy}}{0.8 \times 0.85\sigma'_{ck}} = \frac{pd}{0.68} \cdot \frac{\sigma_{sy}}{\sigma'_{ck}}$$

$$\frac{\varepsilon'_{cu}}{\varepsilon'_{cu} + \varepsilon_{sy}} \cdot d = \frac{0.0035}{0.0035 + (\sigma_{sy}/200 \times 10^3)} \cdot d = \frac{700}{700 + \sigma_{sy}} \cdot d$$

であるから，

$$\frac{pd}{0.68} \cdot \frac{\sigma_{sy}}{\sigma'_{ck}} \leqq \frac{700}{700 + \sigma_{sy}} \cdot d, \quad \therefore \quad p \leqq 0.68\frac{\sigma'_{ck}}{\sigma_{sy}} \cdot \frac{700}{700 + \sigma_{sy}} \tag{5.5}$$

式 (5.4) が曲げ引張破壊となるためのひずみの条件，式 (5.5) が鉄筋比の条件である．

(3) 終局つり合い鉄筋比

$$p = p_b = 0.68\frac{\sigma'_{ck}}{\sigma_{sy}} \cdot \frac{700}{700 + \sigma_{sy}} \tag{5.6}$$

のとき，鉄筋の降伏とコンクリートの圧縮破壊とが同時に起こる．p_b を**終局つり合い鉄筋比**といい，これは材料強度が定まれば一義的に定まる値である．種々の σ'_{ck}, σ_{sy} の値の組合わせに対する p_b の値を求めると，表 5.3 のようである．

表 5.3 つり合い鉄筋比，$p_b(\%)$

$\sigma'_{ck}(\text{N/mm}^2)$ \ $\sigma_{sy}(\text{N/mm}^2)$	240	300	350
18	3.80	2.86	2.33
21	4.43	3.33	2.72
24	5.06	3.81	3.11
27	5.70	4.28	3.50
30	6.33	4.76	3.88
40	8.44	6.35	5.18

(4) 曲げ圧縮破壊する断面の場合

実際の構造物ではこのような設計は行わないが，曲げ引張破壊の場合とは破壊抵抗曲げモーメントの計算式が全く異なることを，あえて示しておく．

図 5.7 において，$C' = T$ から，

$$0.68\sigma'_{ck} \cdot b \cdot x = A_s E_s \cdot \varepsilon'_{cu} \cdot \frac{d-x}{x}$$

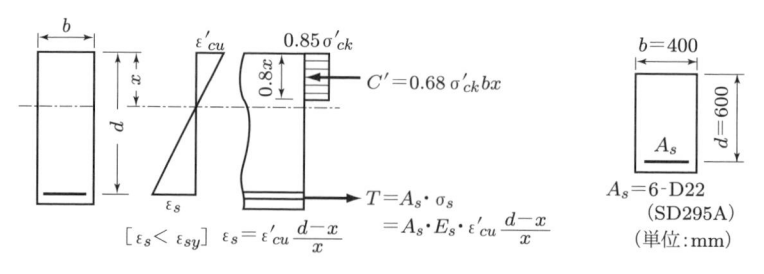

図 5.7 曲げ圧縮破壊する場合

図 5.8

5.4 曲げ部材の破壊抵抗曲げモーメント 83

$$\therefore x = \frac{1}{2}(-B + \sqrt{B^2 + 4Bd}) \quad \text{ただし,} \quad B = \frac{A_s \cdot E_s \cdot \varepsilon'_{cu}}{0.68\sigma'_{ck} \cdot b} \quad \text{(a)}$$

引張鉄筋位置におけるモーメントのつり合い $M = C' \cdot z$ から，破壊抵抗曲げモーメント M_u は，

$$M_u = 0.68\sigma'_{ck} \cdot b \cdot x(d - 0.4x), \quad \text{ただし,} \quad x \text{は式(a)による.} \quad \text{(b)}$$

■計算例 5.1

Q. 図 5.8 に示す断面の破壊抵抗曲げモーメント M_u を求めよ．ただし，$\sigma'_{ck} = 18\,\text{N/mm}^2$ とする．

A. $\sigma_{sy} = 300\,\text{N/mm}^2$

$A_s = 2323\,\text{mm}^2$, $p = \dfrac{A_s}{bd} = \dfrac{2323}{400 \times 600} = 0.0097$

$p_b = 0.68\dfrac{\sigma'_{ck}}{\sigma_{sy}} \cdot \dfrac{700}{700+\sigma_{sy}} = 0.68 \times \dfrac{18}{300} \times \dfrac{700}{700+300} = 0.0287$, $0.75p_b = 0.0214$

$p < 0.75p_b$ なので，p は曲げ引張破壊の領域にある．

$M_u = A_s \sigma_{sy} \left(d - \dfrac{1}{2} \cdot \dfrac{A_s \sigma_{sy}}{0.85\sigma'_{ck} \cdot b} \right) = 2323 \times 300 \times \left(600 - \dfrac{1}{2} \cdot \dfrac{2323 \times 300}{0.85 \times 18 \times 400} \right)$

$= 378 \times 10^6\,\text{N} \cdot \text{mm} = 378\,\text{MN} \cdot \text{mm}$

■計算例 5.2

Q. 図 5.8 に示す断面について，$\sigma'_{ck} = 21, 24, 27, 30, 35, 40\,\text{N/mm}^2$ としたときの M_u を求め，σ'_{ck} と M_u との関係を調べよ．

A. 計算例 5.1 の場合と同様に M_u を計算し，$\sigma'_{ck} = 18\,\text{N/mm}^2$ の場合も含めて計算結果をまとめると，表 5.4 のようである．これを図示すると図 5.9 のようで，同図から「曲げ引張破壊するはりでは，コンクリートの強度 σ'_{ck} が破壊抵抗曲げモーメント M_u に及ぼす影響は極めて小さい」ことがわかる．

■計算例 5.3

Q. 図 5.8 に示す断面について，$\sigma'_{ck} = 27\,\text{N/mm}^2$（一定）とし，$A_s$ を D25-2, 4, 6, 8, 10, 12, 14 本としたときの M_u を求め，A_s と M_u との関係を調べよ．

A. 計算結果は表 5.5 に示すとおりで，これを図示すると図 5.10 のようになる．同図から，「曲げ引張破壊するはりでは，A_s の値にほぼ比例して M_u の値が変化する」ことがわかる．

表 5.4 計算結果（計算例 5.2）

$\sigma'_{ck}(\text{N/mm}^2)$	18	21	24	27	30	35	40
p	0.0097	0.0097	0.0097	0.0097	0.0097	0.0097	0.0097
$0.75p_b$	0.0214	0.0250	0.0286	0.0321	0.0357	0.0417	0.0476
$M_u(\text{MN·mm})$	378	384	388	392	394	398	400

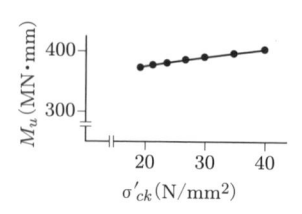

図 5.9

表 5.5 計算結果（計算例 5.3）

A_s	D25本数	2	4	6	8	10	12	14
	mm^2	1013	2027	3040	4054	5067	6080	7094
p		0.0042	0.0084	0.0127	0.0169	0.0211	0.0253	0.0296
$0.75p$		0.0321	0.0321	0.0321	0.0321	0.0321	0.0321	0.0321
$M_u(\text{MN·mm})$		177	345	502	649	786	914	1030

計算例 5.2 と計算例 5.3 とを併せると，曲げ引張破壊するはりでは M_u は A_s にほぼ比例して変化するが，σ'_{ck} にはほとんど影響されないことを示していて，これは曲げ引張破壊するはりでは鉄筋の降伏が先行するため，鉄筋量が主として M_u を支配するという当然の結果を示しているにすぎないといえる．

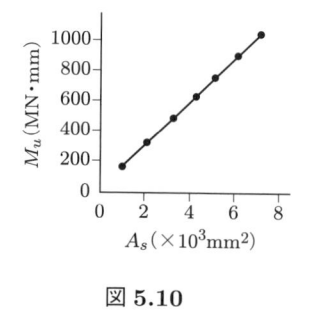

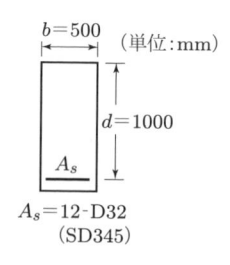

図 5.10

図 5.11

■ 計算例 5.4

Q. 図 5.11 に示す断面が，死荷重曲げモーメント $M_d = 700\,\mathrm{MN\cdot mm}$，活荷重曲げモーメント $M_{l+i} = 600\,\mathrm{MN\cdot mm}$ を受けるときの，終局荷重（道路橋）に対する曲げ破壊安全度を照査せよ．ただし，$\sigma'_{ck} = 24\,\mathrm{N/mm^2}$，とする．

A. 1) 破壊抵抗曲げモーメント，M_u

$$\sigma_{sy} = 350\,\mathrm{N/mm^2}$$
$$A_s = 9530\,\mathrm{mm^2},\ p = \frac{A_s}{bd} = \frac{9530}{500 \times 1000} = 0.0191$$
$$p_b = 0.68\frac{\sigma'_{ck}}{\sigma_{sy}} \cdot \frac{700}{700 + \sigma_{sy}} = 0.68 \times \frac{24}{350} \times \frac{700}{700 + 350} = 0.0311,\ 0.75 p_b = 0.0233$$

$p < 0.75 p_b$ であるから，p は曲げ引張破壊の領域にある．

$$\therefore\quad M_u = A_s \sigma_{sy}\left(d - \frac{1}{2} \cdot \frac{A_s \sigma_{sy}}{0.85 \sigma'_{ck} \cdot b}\right)$$
$$= 9530 \times 350 \times \left(1000 - \frac{1}{2} \cdot \frac{9530 \times 350}{0.85 \times 24 \times 500}\right)$$
$$= 2792 \times 10^6\,\mathrm{N\cdot mm} = 2792\,\mathrm{MN\cdot mm}$$

2) 終局荷重による曲げモーメント，M_{UL}

① $M_{UL} = 1.3 M_d + 2.5 M_{l+i} = 1.3 \times 700 + 2.5 \times 600 = 2410\,\mathrm{MN\cdot mm}$

② $M_{UL} = 1.7(M_d + M_{l+i}) = 1.7 \times (700 + 600) = 2210\,\mathrm{MN\cdot mm}$

$\therefore\quad M_{UL} = 2410\,\mathrm{MN\cdot mm}$

3) 安全度の照査

$M_u = 2792\,\mathrm{MN\cdot mm} > M_{UL} = 2410\,\mathrm{MN\cdot mm}$ であるので，この断面は所要の曲げ破壊安全度を有している．

③ 複鉄筋長方形断面

(1) コンクリート圧壊前に引張・圧縮両鉄筋とも降伏する場合

図 5.12 において，力のつり合い $T = C' + C''$ から，

$$A_s \sigma_{sy} = 0.85 \sigma'_{ck} \cdot a \cdot b + A'_s \sigma'_{sy},\quad \therefore\quad a = \frac{A_s \sigma_{sy} - A'_s \sigma'_{sy}}{0.85 \sigma'_{ck} \cdot b} \tag{5.7}$$

または，$A_s = pbd$，$A'_s = p'bd$ として，

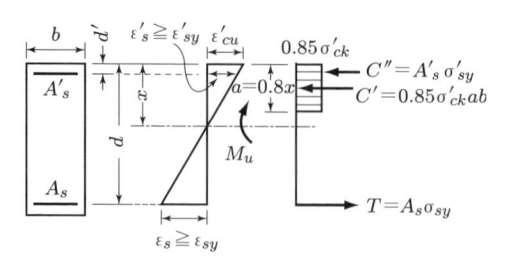

図 5.12 複鉄筋長方形断面

$$a = \frac{pbd\sigma_{sy} - p'bd\sigma'_{sy}}{0.85\sigma'_{ck} \cdot b} = \frac{\sigma_{sy}\left(p - p'\dfrac{\sigma'_{sy}}{\sigma_{sy}}\right) \cdot d}{0.85\sigma'_{ck}}$$

$$= \left(p - p'\frac{\sigma'_{sy}}{\sigma_{sy}}\right)md = \bar{p}md$$

すなわち

$$a = \bar{p}md, \quad \text{ただし}, \quad m = \frac{\sigma_{sy}}{0.85\sigma'_{ck}}, \ \bar{p} = p - p'\frac{\sigma'_{sy}}{\sigma_{sy}} \tag{5.8}$$

引張鉄筋位置におけるモーメントのつり合いから，

$$M_u = C'\left(d - \frac{a}{2}\right) + C''(d - d')$$

$C' = T - C'' = A_s\sigma_{sy} - A'_s\sigma'_{sy}$ であるから，

$$M_u = (A_s\sigma_{sy} - A's\sigma'_{sy})\left(d - \frac{a}{2}\right) + A'_s\sigma'_{sy}(d - d') \tag{5.9}$$

圧縮鉄筋が降伏しているための条件は，$\varepsilon'_s \geqq \varepsilon'_{sy}$

$$\varepsilon'_s = \varepsilon'_{cu} \cdot \frac{x - d'}{x} \quad \text{であるから}, \quad \varepsilon'_{cu} \cdot \frac{x - d'}{x} \geqq \varepsilon'_{sy}$$

$$\therefore \ x \geqq \frac{\varepsilon'_{cu}}{\varepsilon'_{cu} - \varepsilon'_{sy}} \cdot d'$$

$\varepsilon'_{cu} = 0.0035, \ \varepsilon'_{sy} = \sigma'_{sy}/200 \times 10^3$ を代入して，

$$x \geqq \frac{700}{700 - \sigma'_{sy}} \cdot d' \tag{5.10}$$

また，$x = a/0.8 = \bar{p}md/0.8$ であるから，$\dfrac{\bar{p}md}{0.8} \geqq \dfrac{700}{700 - \sigma'_{sy}} \cdot d'$

5.4 曲げ部材の破壊抵抗曲げモーメント

$$\therefore \quad \bar{p} \geqq \frac{0.8}{m} \cdot \frac{d'}{d} \cdot \frac{700}{700-\sigma'_{sy}}, \quad \text{または,} \quad \bar{p} \geqq 0.68 \frac{\sigma'_{ck}}{\sigma_{sy}} \cdot \frac{d'}{d} \cdot \frac{700}{700-\sigma'_{sy}} \tag{5.11}$$

式 (5.11) が，圧縮鉄筋が降伏しているための鉄筋比の条件である．

引張鉄筋が降伏しているための鉄筋比の条件は式 (5.5) で示されるから，引張・圧縮両鉄筋がともに降伏しているための鉄筋比の条件は，次式のようになる．

$$0.68 \frac{\sigma'_{ck}}{\sigma_{sy}} \cdot \frac{d'}{d} \cdot \frac{700}{700-\sigma'_{sy}} \leqq p - p' \frac{\sigma'_{sy}}{\sigma_{sy}} \leqq 0.68 \frac{\sigma'_{ck}}{\sigma_{sy}} \cdot \frac{700}{700+\sigma_{sy}} \tag{5.12}$$

$p - p' \dfrac{\sigma'_{sy}}{\sigma_{sy}}$ の値が式 (5.12) の条件を満足する場合のみ，式 (5.9) により破壊抵抗曲げモーメント M_u を計算することができる．

(2) コンクリート圧壊前に圧縮鉄筋が降伏しない場合

$\bar{p} = p - p'$ の値が式 (5.11) の条件を満足しないときは，σ'_s は σ'_{sy} に達していないので，M_u は次式により計算する．

$$M_u = (A_s \sigma_{sy} - A'_s \sigma'_s)\left(d - \frac{a}{2}\right) + A'_s \sigma'_s (d - d') \tag{5.13}$$

式 (5.13) 中の σ'_s は，

$$\sigma'_s = E_s \cdot \varepsilon'_s = E_s \cdot \varepsilon'_{cu} \frac{x - d'}{x} = E_s \cdot \varepsilon'_{cu} \left(1 - \frac{d'}{x}\right)$$

$$= 200 \times 10^3 \times 0.0035 \times \left(1 - \frac{d'}{a/0.8}\right) = 700\left(1 - 0.8 \frac{d'}{d} \cdot \frac{d}{a}\right)$$

すなわち，

$$\sigma'_s = 700\left(1 - 0.8 \frac{d'}{d} \cdot \frac{d}{a}\right) \tag{5.14}$$

上式中の d/a は，力のつり合い $T = C' + C''$ から，

$$A_s \sigma_{sy} = 0.85 \sigma'_{ck} \cdot a \cdot b + A'_s \sigma'_s,$$

$$pbd \cdot \sigma_{sy} = 0.85 \sigma'_{ck} ab + p'bd \cdot 700\left(1 - 0.8 \frac{d'}{d} \cdot \frac{d}{a}\right)$$

$m = \dfrac{\sigma_{sy}}{0.85 \sigma'_{ck}}$ として整理すると，

$$\frac{1}{m}\left(\frac{a}{d}\right)^2 - \left(p - p'\frac{700}{\sigma_{sy}}\right)\frac{a}{d} - 0.8p'\frac{d'}{d}\cdot\frac{700}{\sigma_{sy}} = 0$$

a/d について解けば，

$$\frac{a}{d} = \frac{m}{2}\left\{p - p'\cdot\frac{700}{\sigma_{sy}} + \sqrt{\left(p - p'\frac{700}{\sigma_{sy}}\right)^2 + p'\frac{3.2}{m}\cdot\frac{d'}{d}\cdot\frac{700}{\sigma_{sy}}}\right\} \quad (5.15)$$

式 (5.15) から a を求め，それを用いて式 (5.14) から σ_s' を求めれば，式 (5.13) から M_u が求まる．

■ 計算例 5.5

Q. 図 5.13 に示す断面の破壊抵抗曲げモーメントを求めよ．ただし，$\sigma_{ck}' = 24\,\mathrm{N/mm^2}$ とする．

A. $A_s = 2533\,\mathrm{mm^2}, \quad p = \dfrac{A_s}{bd} = \dfrac{2533}{400\times 600} = 0.0106$

$A_s' = 596\,\mathrm{mm^2}, \quad p' = \dfrac{596}{400\times 600} = 0.0025$

$\bar{p} = p - p'\dfrac{\sigma_{sy}'}{\sigma_{sy}} = p - p' = 0.0106 - 0.0025 = 0.0081,$

$\sigma_{sy} = \sigma_{sy}' = 300\,\mathrm{N/mm^2}$

式 (5.12) の左辺および右辺の値は，

左辺：$0.68\dfrac{\sigma_{ck}'}{\sigma_{sy}}\cdot\dfrac{d'}{d}\cdot\dfrac{700}{700 - \sigma_{sy}'} = 0.68\times\dfrac{24}{300}\times\dfrac{50}{600}\times\dfrac{700}{700-300} = 0.0079$

右辺：$0.68\dfrac{\sigma_{ck}'}{\sigma_{sy}}\cdot\dfrac{700}{700+300} = 0.68\times\dfrac{24}{300}\times\dfrac{700}{700+300} = 0.0380$

$0.0079 < \bar{p} = 0.0081 < 0.0380$ で式 (5.12) を満足するので，式 (5.9) により M_u を計算できる．

式 (5.7)：$a = \dfrac{A_s\sigma_{sy} - A_s'\sigma_{sy}'}{0.85\sigma_{ck}'\cdot b} = \dfrac{(2533-596)\times 300}{0.85\times 24\times 400} = 71\,\mathrm{mm}$

式 (5.9)：$M_u = (A_s\sigma_{sy} - A_s'\sigma_{sy}')\left(d - \dfrac{a}{2}\right) + A_s'\sigma_{sy}'(d - d')$

$= (2533-596)\times 300\times\left(600 - \dfrac{71}{2}\right) + 596\times 300\times(600-50)$

$= 426\times 10^6\,\mathrm{N\cdot mm} = 426\,\mathrm{MN\cdot mm}$

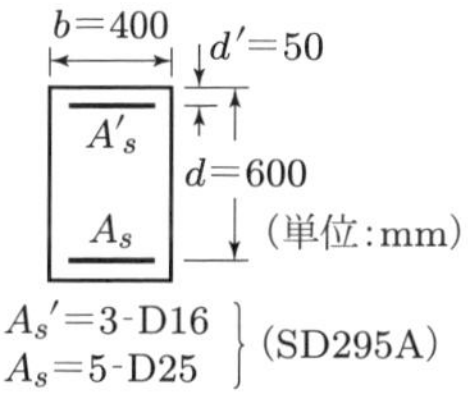

5.4 曲げ部材の破壊抵抗曲げモーメント

図5.13 ($b=400$, $d'=50$, $d=600$, $A_s'=3\text{-}D16$, $A_s=5\text{-}D25$) (SD295A)

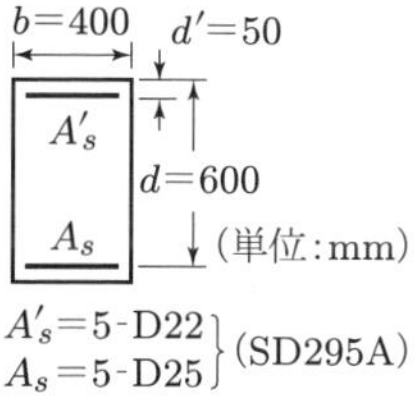

図5.14 ($b=400$, $d'=50$, $d=600$, $A_s'=5\text{-}D22$, $A_s=5\text{-}D25$) (SD295A)

(単位:mm)

■ 計算例 5.6

Q. 図 5.14 に示す断面の破壊抵抗曲げモーメントを求めよ．ただし，$\sigma_{ck}' = 24\,\text{N/mm}^2$ とする．

A. $\sigma_{sy} = \sigma_{sy}' = 300\,\text{N/mm}^2$

$$A_s = 2533\,\text{mm}^2, \quad p = \frac{A_s}{bd} = \frac{2533}{400 \times 600} = 0.0106$$

$$A_s' = 1935\,\text{mm}^2, \quad p' = \frac{A_s'}{bd} = \frac{1935}{400 \times 600} = 0.0081$$

$$\bar{p} = p - p' = 0.0106 - 0.0081 = 0.0025$$

式 (5.5): $0.68\dfrac{\sigma_{ck}'}{\sigma_{sy}} \cdot \dfrac{700}{700 + \sigma_{sy}} = 0.68 \times \dfrac{24}{300} \times \dfrac{700}{700 + 300} = 0.0381 > \bar{p} = 0.0025$，よって，引張鉄筋は降伏する．

式 (5.11): $0.68\dfrac{\sigma_{ck}'}{\sigma_{sy}} \cdot \dfrac{d'}{d} \cdot \dfrac{700}{700 - \sigma_{sy}'} = 0.68 \times \dfrac{24}{300} \times \dfrac{50}{600} \times \dfrac{700}{700 - 300} = 0.0079 > \bar{p} = 0.0025$，よって，圧縮鉄筋は降伏しない．

$$m = \frac{\sigma_{sy}}{0.85\sigma_{ck}'} = \frac{300}{0.85 \times 24} = 14.7$$

式 (5.15): $\dfrac{a}{d} = \dfrac{m}{2}\left\{p - p'\dfrac{700}{\sigma_{sy}} + \sqrt{\left(p - p'\dfrac{700}{\sigma_{sy}}\right)^2 + p'\dfrac{3.2}{m} \cdot \dfrac{d'}{d} \cdot \dfrac{700}{\sigma_{sy}}}\right\}$

$= \dfrac{14.7}{2}\left\{0.0106 - 0.0081 \times \dfrac{700}{300}\right.$

$\left. + \sqrt{\left(0.0106 - 0.0081 \times \dfrac{700}{300}\right)^2 + 0.0081 \times \dfrac{3.2}{14.7} \times \dfrac{50}{600} \times \dfrac{700}{300}}\right\}$

$= 0.075$

$$a = 0.075 \times 600 = 45\,\text{mm}$$

式 (5.14)：$\sigma'_s = 700\left(1 - 0.8\dfrac{d'}{a}\right) = 700 \times \left(1 - 0.8 \times \dfrac{50}{45}\right) = 78\,\text{N/mm}^2$

式 (5.13)：$M_u = (A_s\sigma_{sy} - A'_s\sigma'_s)\left(d - \dfrac{a}{2}\right) + A'_s\sigma'_s(d - d')$

$$= (2533 \times 300 - 1935 \times 78) \times \left(600 - \dfrac{45}{2}\right) + 1935 \times 78 \times (600 - 50)$$

$$= 434 \times 10^6\,\text{N}\cdot\text{mm} = 434\,\text{MN}\cdot\text{mm}$$

❹ 単鉄筋 T 形断面

幅がフランジ幅に等しい長方形断面としての応力ブロック高さ a を式 (5.2) により計算し，$a \leqq t$ の場合は長方形断面として，$a > t$ の場合には T 形断面として計算する．

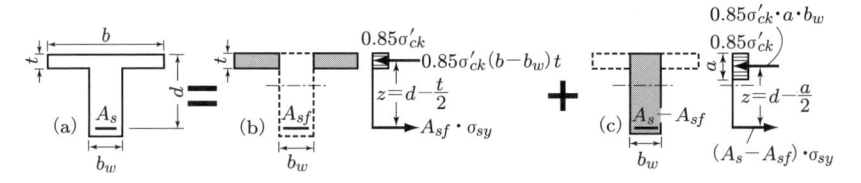

図 5.15 単鉄筋 T 形断面

図 5.15 (a) に示す T 形断面の場合，コンクリート断面を①フランジ突出部（同図 (b)）と②長方形部分（同図 (c)）とに分割し，鉄筋量 A_s も①とつり合う鉄筋量 A_{sf} と②に対する $A_s - A_{sf}$ とに分割して，①と②のそれぞれの破壊抵抗曲げモーメントの和として T 形断面の破壊抵抗曲げモーメントを算出する．

図 5.15 (b) に示すフランジ突出部の力のつり合いから，

$$A_{sf}\cdot\sigma_{sy} = 0.85\sigma'_{ck}(b - b_w)t, \quad \therefore\ A_{sf} = \dfrac{0.85\sigma'_{ck}(b - b_w)t}{\sigma_{sy}} \quad (5.16)$$

同図 (c) の長方形部分の力のつり合いから，

$$(A_s - A_{sf})\sigma_{sy} = 0.85\sigma'_{ck}\cdot a \cdot b_w, \quad \therefore\ a = \dfrac{(A_s - A_{sf})\cdot\sigma_{sy}}{0.85\sigma'_{ck}\cdot b_w} \quad (5.17)$$

したがって，T 形断面の破壊抵抗曲げモーメント M_u は，

5.4　曲げ部材の破壊抵抗曲げモーメント　91

$$M_u = A_{sf} \cdot \sigma_{sy}\left(d - \frac{t}{2}\right) + (A_s - A_{sf})\sigma_{sy}\left(d - \frac{a}{2}\right) \quad (5.18)$$

■計算例 5.7

Q. 図 5.16 に示す断面の破壊抵抗曲げモーメントを求めよ．ただし，$\sigma'_{ck} = 24\,\text{N/mm}^2$ とする．

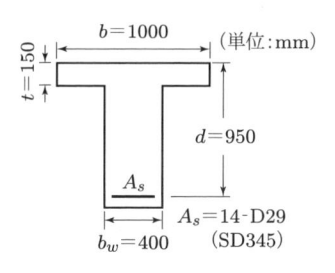

図 **5.16**

A. $A_s = 8993\,\text{mm}^2$, $\sigma_{sy} = 350\,\text{N/mm}^2$

$b = 1000\,\text{mm}$ の長方形断面としての応力ブロック高さ a は，

$$\text{式 }(5.2): a = \frac{A_s \cdot \sigma_{sy}}{0.85\sigma'_{ck} \cdot b} = \frac{8993 \times 350}{0.85 \times 24 \times 1000} = 154\,\text{mm} > t = 150\,\text{mm}$$

したがって，T 形断面として計算する．

$$\text{式 }(5.16): A_{sf} = \frac{0.85\sigma'_{ck}(b - b_w)t}{\sigma_{sy}} = \frac{0.85 \times 24 \times (1000 - 400) \times 150}{350}$$

$$= 5246\,\text{mm}^2$$

$$\text{式 }(5.17): a = \frac{(A_s - A_{sf}) \cdot \sigma_{sy}}{0.85\sigma'_{ck} \cdot b_w} = \frac{(8993 - 5246) \times 350}{0.85 \times 24 \times 400} = 161\,\text{mm}$$

$$\text{式 }(5.18): M_u = A_{sf} \cdot \sigma_{sy}\left(d - \frac{t}{2}\right) + (A_s - A_{sf}) \cdot \sigma_{sy}\left(d - \frac{a}{2}\right)$$

$$= 5246 \times 350 \times \left(950 - \frac{150}{2}\right) + (8993 - 5246) \times 350 \times \left(950 - \frac{161}{2}\right)$$

$$= 2747 \times 10^6\,\text{N} \cdot \text{mm} = 2747\,\text{MN} \cdot \text{mm}$$

5.5 せん断力に対する安全性の保持

❶ せん断力に対する補強

(1) せん断補強の原則

部材のせん断破壊（もろい急激な破壊）を避けるため，せん断破壊強度 > 曲げ破壊強度となるように設計する．

(2) せん断に対する設計

終局荷重作用時のせん断力を V_{UL} とすると，はりの中立面以下の断面（引張断面）に生じるせん断応力度 τ_{UL} は，

$$\tau_{UL} = \frac{V_{UL}}{bjd} \tag{5.19}$$

式 (5.19) のせん断応力を折曲鉄筋およびスターラップで受け持たせるものとすると，それぞれの所要断面積は次のようになる（4.6-❸ 参照）．

$$\left.\begin{array}{l} \text{折曲鉄筋：} \quad A_w = \dfrac{V_{UL} \cdot s}{\sigma_{sy}(\sin\theta + \cos\theta) \cdot z} \\[6pt] \qquad\qquad A_b = \dfrac{V_{Ub} \cdot s}{\sigma_{sy}(\sin\theta + \cos\theta) \cdot z}, \\[6pt] \qquad \theta = 45°\text{のとき，} \quad A_b = \dfrac{V_{Ub} \cdot s}{\sqrt{2}\sigma_{sy} \cdot z} \\[6pt] \text{スターラップ：} A_v = \dfrac{V_{Uv} \cdot s}{\sigma_{sy} \cdot z} \quad (\text{鉛直スターラップ}) \end{array}\right\} \tag{5.20}$$

ここに，V_{Ub}：折曲鉄筋が負担するせん断力．V_{Uv}：スターラップが負担するせん断力．s：折曲鉄筋またはスターラップの部材軸方向の間隔．

❷ 道路橋における設計

(1) 終局荷重作用時の平均せん断応力度 τ_{Um} の照査

道路橋示方書では，終局荷重作用時における平均せん断応力度 τ_{Um} の値が表 4.9 の $\tau_{m,\max}$ の値を超えてはならないことを規定している．

$$\tau_{Um} = \frac{V_U}{b_w \cdot d} \leqq \tau_{m,\max} \tag{5.21}$$

(2) せん断補強鉄筋の計算

次式から算出される値以上のせん断補強鉄筋を配置する．

$$A_w = \frac{1.15 V_h \cdot s}{\sigma_{sy}(\sin\theta + \cos\theta) \cdot d} \tag{5.22}$$

ここに，$V_h \geqq V_{UL} - V_c$，V_{UL}：終局荷重作用時のせん断力．$V_c = \tau_{ma} \cdot b_w \cdot d$：コンクリート部分が負担するせん断力．

■ 計算例 5.8

Q. 鉄筋コンクリート主桁断面に，死荷重せん断力 $V_D = 165\,\text{kN}$，活荷重せん断力 $V_P = 221\,\text{kN}$ が作用するときの，終局荷重作用時における平均せん断応力度の安全性を照査せよ．ただし，$b_w = 400\,\text{mm}$，$d = 1100\,\text{mm}$，$\sigma'_{ck} = 24\,\text{N/mm}^2$ とする．

A. 終局荷重によるせん断力 V_{UL} は，

①$V_{UL} = 1.3 V_D + 2.5 V_P = 1.3 \times 165 + 2.5 \times 221 = 767\,\text{kN}$

②$V_{UL} = 1.7(V_D + V_P) = 1.7 \times (165 + 221) = 656\,\text{kN}$

$$\tau_{Um} = \frac{V_{UL}}{b_w \cdot d} = \frac{767 \times 10^3}{400 \times 1100} = 1.74\,\text{N/mm}^2 < \tau_{m,\max} = 3.2\,\text{N/mm}^2$$

したがって，この主桁は終局荷重作用下における平均せん断応力度に関して安全である．

5.6　ねじりモーメントに対する安全性の保持

道路橋示方書では，終局荷重作用時の照査について，次のように規定している．

1. 終局荷重作用時のねじりモーメントが，**2.** および **3.** の規定により算出した耐力以下であることを照査する．ただし，設計荷重作用時のねじりモーメントによるせん断応力度，またはねじりモーメントによるせん断応力度とせん断力による平均せん断応力度の和が表 4.8 の τ_{ma} の値以下であるときは，**3.** の斜め引張破壊に対する照査は行わなくてよい．

2. 部材のウェブまたはフランジのコンクリートの圧壊に対する耐力は，ねじりモーメントのみが作用する場合には次式により算出する．ねじりモーメントとせん断力が同時に作用するときのねじりモーメントに対する耐力は，終局荷重作用時のせん断力が作用しているものとして，次式により算出する．

$$M_{tuc} = \tau_{\max} \cdot K_t \tag{5.23}$$

ここに，M_{tuc}：ねじりモーメントが作用するときの，ウェブまたはフランジのコンクリートの圧壊に対する耐力 (N·mm)．$\tau_{\max}$：コンクリートの平均せん断応力度の最大値で，ねじりモーメントのみが作用する場合は表 5.6 の (1) の値，せん断力が同時に作用する場合は同表 (2) の値から終局荷重作用時のせん断力によるコンクリートの平均せん断応力度を減じた値とする．K_t：ねじり係数 (mm^3) で，表 4.13 による．

表 5.6 ねじりによるコンクリートのせん断応力度の最大値 $(\mathrm{N/mm}^2)$

作用外力 \ σ'_{ck} (N/mm²)	21	24	27	30	40	50	60
(1) ねじりモーメントのみ	2.8	3.2	3.6	4.0	5.3	6.0	6.0
(2) ねじりモーメントとせん断力	3.6	4.0	4.4	4.8	6.1	6.8	6.8

3．部材の斜め引張破壊に対する耐力は，次式から算出される値の小さい方の値とする．

$$\left.\begin{aligned} M_{tus} &= \frac{1.6 b_t \cdot h_t \cdot A_{wt} \cdot \sigma_{sy}}{a} \\ M_{tus} &= \frac{0.8 b_t \cdot h_t \cdot A_{lt} \cdot \sigma_{sy}}{b_t + h_t} \end{aligned}\right\} \tag{5.24}$$

ここに，M_{tus}：ねじりモーメントによる斜め引張破壊に対する耐力 (N·mm)．A_{wt}：間隔 a で配置される，ねじりモーメントに対する横方向鉄筋 1 本の断面積 (mm^2)．A_{lt}：ねじりモーメントに対する軸方向鉄筋の全断面積 (mm^2)．a：横方向鉄筋の間隔 (mm)．b_t, h_t：図 4.33 に示す幅および高さ (mm)．

5.7　偏心軸方向圧縮力を受ける部材

1 塑性重心

コンクリート全断面が $0.85\sigma'_{ck}$ で均等に圧縮され，鉄筋はすべて降伏していると仮定したときの，内力の合力作用点を**塑性重心**という．

図 5.17 の塑性重心 G_p に関する破壊抵抗軸力 N'_{ou} は，

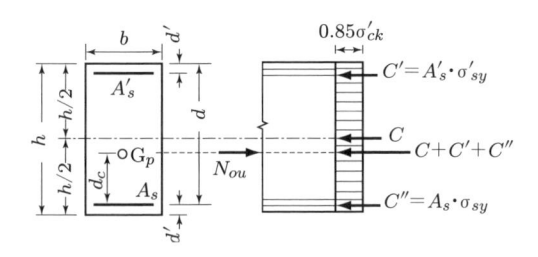

図 5.17　塑性重心

$$N'_{ou} = 0.85\sigma'_{ck} \cdot b \cdot h + A'_s\sigma'_{sy} + A_s\sigma_{sy} \tag{5.25}$$

下側鉄筋図心から塑性重心までの距離 d_c は，下側鉄筋図心に関する内・外力モーメントのつり合い，

$$N'_{ou} \cdot d_c = 0.85\sigma'_{ck}bh\left(d - \frac{h}{2}\right) + A'_s\sigma'_{sy}(d - d')$$

から求められ，

$$d_c = \left\{0.85\sigma'_{ck}bh\left(d - \frac{h}{2}\right) + A'_s\sigma'_{sy}(d - d')\right\} \bigg/ N'_{ou} \tag{5.26}$$

2 相互作用図

曲げモーメント M と軸方向圧縮力 N' を同時に受ける部材の終局強度は，M と N' の大きさによって変化する．断面が終局強度に達したときの曲げモーメント M_u と軸方向力 N'_u との関係は，図 5.18 に示すような**相互作用図**で表され，M と N' の値が曲線上の組合わせになったときに断面の破壊が生じる．

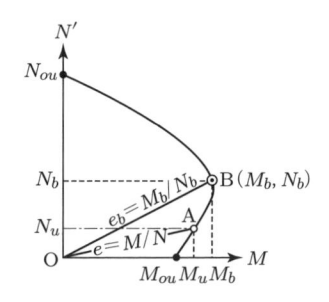

図 5.18　相互作用図

偏心量 $e=$ 一定で軸方向圧縮力を加えるということは，$e=M/N'$ が一定ということで，これは図 5.18 中の直線 OA を意味し，この直線と曲線との交点 $A(M_u, N'_u)$ が曲げおよび軸方向力に対する破壊強さを示す.

曲線上の B 点 (M_b, N_b) は破壊形式の分岐点で，B 点の M と N' の組合わせにおいて引張鉄筋の降伏とコンクリートの圧壊とが同時に生じ（つり合い破壊），B 点の N_b よりも軸力が小さい領域では鉄筋の降伏が先行する引張破壊が，また，N_b よりも軸力が大きい領域ではコンクリートの圧壊が先行する圧縮破壊が生じる.

M_b をつり合いモーメント，N'_b をつり合い軸力，e_b をつり合い偏心量という. つり合い偏心量 e_b よりも $e\,(=M/N')$ が大きければ引張破壊，小さければ圧縮破壊となる.

❸ 長方形断面の終局強度

（1）終局つり合い状態

図 5.19 に示すような長方形断面について，圧縮縁のコンクリートが終局ひずみ ε_{cu} に達すると同時に引張鉄筋が降伏する場合を考える.

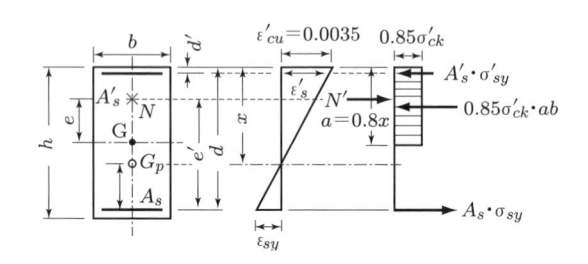

図 5.19 偏心軸方向圧縮

$$\frac{\varepsilon'_{cu}}{x} = \frac{\varepsilon_{sy}}{d-x} \quad \text{から,} \quad x = \frac{\varepsilon'_{cu}}{\varepsilon'_{cu}+\varepsilon_{sy}} \cdot d = \frac{700}{700+\sigma_{sy}} \cdot d$$

したがって，応力ブロックの高さを a_b とすると，

$$a_b = 0.8x = \frac{700}{700+\sigma_{sy}} \cdot 0.8d \tag{5.27}$$

力のつり合いから，

$$N'_b = 0.85\sigma'_{ck} \cdot b \cdot a_b + A'_s \sigma'_{sy} - A_s \sigma_{sy} \tag{5.28}$$

引張鉄筋図心に関する内・外力モーメントのつり合いから，

$$M_b + N'_b \cdot d_c = 0.85\sigma'_{ck} \cdot b \cdot a_b \left(d - \frac{a_b}{2}\right) + A'_s \sigma'_{sy}(d - d')$$

$$\therefore \quad M_b = 0.85\sigma'_{ck} \cdot b \cdot a_b \left(d - \frac{a_b}{2}\right) + A'_s \sigma'_{sy}(d - d') - N'_b \cdot d_c \quad (5.29)$$

$$e_b = \frac{M_b}{N'_b} \quad (5.30)$$

(2) $N'_u < N'_b (e > e_b)$ の場合

この場合は，コンクリート圧壊前に引張鉄筋が降伏する．そのとき圧縮側鉄筋も降伏している場合は，

$$\sum H = 0 : N'_u = 0.85\sigma'_{ck}ba + A'_s \sigma'_{sy} - A_s \sigma_{sy} \quad (\text{a})$$

$$\sum M = 0 : N'_u \cdot e' = 0.85\sigma'_{ck}ba \left(d - \frac{a}{2}\right) + A'_s \sigma'_{sy}(d - d') \quad (\text{b})$$

$$\text{ただし，} \quad e' = d - \frac{h}{2} + e$$

式 (a)，式 (b) から，

$$(0.85\sigma'_{ck}ba + A'_s \sigma'_{sy} - A_s \sigma_{sy}) \cdot e'$$
$$= 0.85\sigma'_{ck}ba \left(d - \frac{a}{2}\right) + A'_s \sigma'_{sy}(d - d') \quad (\text{c})$$

$A_s = pbd$, $A'_s = p'bd$, $\bar{p} = p - p'$, $m = \dfrac{\sigma_{sy}}{0.85\sigma'_{ck}}$ として式 (c) を整理すると，

$$\left(\frac{\sigma_{sy}}{m} \cdot a + p'd\sigma_{sy} \cdot \frac{\sigma'_{sy}}{\sigma_{sy}} - pd\sigma_{sy}\right) e' - \frac{\sigma_{sy}}{m} a \left(d - \frac{a}{2}\right)$$
$$- p'd\sigma_{sy} \cdot \frac{\sigma'_{sy}}{\sigma_{sy}}(d - d') = 0$$

これを a/d について整理すると，

$$\frac{1}{2}\left(\frac{a}{d}\right)^2 - \left(1 - \frac{e'}{d}\right)\frac{a}{d} - m\left\{\bar{p}\frac{e'}{d} + p'\frac{\sigma'_{sy}}{\sigma_{sy}}\left(1 - \frac{d'}{d}\right)\right\} = 0$$

$$\therefore \quad \frac{a}{d} = 1 - \frac{e'}{d} + \sqrt{\left(1 - \frac{e'}{d}\right)^2 + 2m\left\{\bar{p}\frac{e'}{d} + p'\frac{\sigma'_{sy}}{\sigma_{sy}}\left(1 - \frac{d'}{d}\right)\right\}}$$

$$(5.31)$$

式 (5.31) から a の値を求めれば，N'_u，M_u は次式から求めることができる．

$$N'_u = 0.85\sigma'_{ck} \cdot ba + A'_s \sigma'_{sy} - A_s \sigma_{sy} \tag{5.32}$$

$$M_u = 0.85\sigma'_{ck} ba \left(d - \frac{a}{2}\right) + A'_s \sigma'_{sy}(d - d') - N'_u \cdot d_c \tag{5.33}$$

ただし，式 (5.32)，式 (5.33) は，圧縮鉄筋も降伏している場合，すなわち，次の条件を満足する場合にのみ適用できる．

$$\sigma'_s = 700 \left(1 - 0.8\frac{d'}{d} \cdot \frac{d}{a}\right) \geq \sigma'_{sy} \tag{5.34}$$

σ'_s が式 (5.34) を満足しないとき，すなわち $\sigma'_s < \sigma'_{sy}$ のときは，次式から N'_u，M_u を求めればよい．

$$N'_u = 0.85\sigma'_{ck} ba + A'_s \sigma'_s - A_s \sigma_{sy} \tag{5.35}$$

$$M_u = 0.85\sigma'_{ck} ba \left(d - \frac{a}{2}\right) + A'_s \sigma'_s(d - d') - N'_u \cdot d_c \tag{5.36}$$

この場合，σ'_s の値は式 (5.14) から求める．

(3) $N'_u > N'_b (e < e_b)$ の場合

この場合には，引張鉄筋が降伏する前にコンクリートの圧壊が生じる．このとき，一般に圧縮側鉄筋は降伏している[注]．

引張側鉄筋の応力度 σ_s は，

$$\sigma_s = \varepsilon_s E_s = E_s \cdot \varepsilon'_{cu} \cdot \frac{d - x}{x} = 200 \times 10^3 \times 0.0035 \times \left(\frac{d}{x} - 1\right)$$

$$= 700 \left(0.8\frac{d}{a} - 1\right)$$

すなわち，

$$\sigma_s = 700 \left(0.8\frac{d}{a} - 1\right) \tag{5.37}$$

破壊抵抗軸方向力 N'_u および破壊抵抗曲げモーメント M_u は，

$$N'_u = 0.85\sigma'_{ck} ba + A'_s \sigma'_{sy} - A_s \sigma_s \tag{5.38}$$

注) $\varepsilon'_{cu} = 0.0035$ のもとでの σ'_s は，$\sigma'_s = \varepsilon'_s E_s = 0.0035 \times 200 \times 10^3 = 700\,\text{N/mm}^2$ で，SD345 の鉄筋の降伏点 $350\,\text{N/mm}^2$ よりもはるかに大きい．したがって d' がよほど大きくないかぎり，$\sigma'_s \geqq \sigma'_{sy}$ となる．

5.7 偏心軸方向圧縮力を受ける部材

$$M_u = 0.85\sigma'_{ck}ba\left(d - \frac{a}{2}\right) + A'_s\sigma'_{sy}(d - d') - N'_u \cdot d_c \quad (5.39)$$

上式中の a の値は，式 (5.31) から求める．

❹ 構造細目

曲げと軸方向力を受ける部材に共通する鉄筋量に関して，学会示方書では次のように定めている．

(1) 最小鉄筋量

1. 軸方向力の影響が支配的な部材には，計算上必要なコンクリート断面積（軸方向力のみを受け持つのに必要な最小限の断面積）の 0.8% 以上の軸方向鉄筋を配置しなければならない．計算上必要な断面よりも大きな断面を有する場合でも，コンクリート断面積の 0.15% 以上の軸方向鉄筋を配置するのが望ましい．

2. 曲げモーメントの影響が支配的な棒部材の引張鉄筋比は，0.2% 以上とするのを原則とする．T 形断面では，コンクリートの有効断面積 ($b_w \times d$) の 0.3% 以上の軸方向鉄筋を配置しなければならない．

(2) 最大鉄筋量

1. 軸方向力の影響が支配的な部材の軸方向鉄筋量は，コンクリート断面積の 6% 以下とするのを原則とする．

2. 曲げモーメントの影響が支配的な棒部材の軸方向鉄筋比は，つり合い鉄筋比の 75% 以下とするのを原則とする．

■ 計算例 5.9

Q. 図 5.20 に示す断面に，軸方向圧縮力 N' が $e' = 900\,\mathrm{mm}$ の偏心をもって作用する場合の破壊抵抗軸方向力 N'_u および破壊抵抗曲げモーメント M_u を求めよ．ただし，$\sigma'_{ck} = 24\,\mathrm{N/mm^2}$ とする．

A. $A_s = 2570\,\mathrm{mm^2}$, $p = \dfrac{A_s}{bd} = \dfrac{2570}{300 \times 550} = 0.0156$

$A'_s = 0$, $p' = 0$, $\bar{p} = p - p' = 0.0156$, $m = \dfrac{\sigma_{sy}}{0.85\sigma'_{ck}} = \dfrac{300}{0.85 \times 24} = 14.7$

式 (5.25)：$N'_{ou} = 0.85\sigma'_{ck}bh + A'_s\sigma'_{sy} + A_s\sigma_{sy}$

$\qquad\qquad = 0.85 \times 24 \times 300 \times 600 + 2570 \times 300 = 4443 \times 10^3\,\mathrm{N}$

式 (5.26)：$d_c = \left\{0.85\sigma'_{ck}bh\left(d - \dfrac{h}{2}\right) + A'_s\sigma'_{sy}(d - d')\right\}\Big/ N'_{ou}$

$$= \left\{ 0.85 \times 24 \times 300 \times 600 \times \left(550 - \frac{600}{2} \right) \right\} \Big/ 4443 \times 10^3$$

$$= 207 \,\text{mm}$$

式 (5.31)：$\dfrac{a}{d} = 1 - \dfrac{e'}{d} + \sqrt{\left(1 - \dfrac{e'}{d}\right)^2 + 2m\bar{p}\dfrac{e'}{d}}$

$$= 1 - \frac{900}{550} + \sqrt{\left(1 - \frac{900}{550}\right)^2 + 2 \times 14.7 \times 0.0156 \times \frac{900}{550}} = 0.438$$

$a = 0.438 \times 550 = 241 \,\text{mm}$

式 (5.32)：$N'_u = 0.85\sigma'_{ck}ba - A_s\sigma_{sy} = 0.85 \times 24 \times 300 \times 241 - 2570 \times 300$

$$= 704 \times 10^3 \,\text{N} = 704 \,\text{kN}$$

式 (5.33)：$M_u = 0.85\sigma'_{ck}ba\left(d - \dfrac{a}{2}\right) - N'_u \cdot d_c$

$$= 0.85 \times 24 \times 300 \times 241 \times \left(550 - \frac{241}{2}\right) - 704 \times 10^3 \times 207$$

$$= 488 \times 10^6 \,\text{N} \cdot \text{mm} = 488 \,\text{MN} \cdot \text{mm}$$

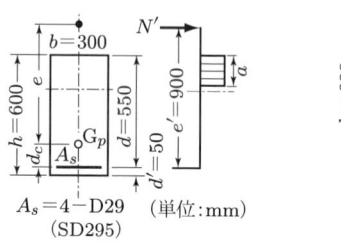

図 5.20

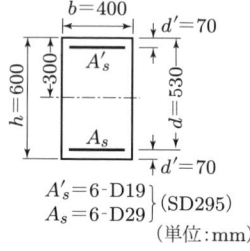

図 5.21

■ 計算例 5.10

Q. 図 5.21 に示す断面の，概略の相互作用図を描け．ただし，$\sigma'_{ck} = 27 \,\text{N/mm}^2$ とする．

A. $A_s = 3854 \,\text{mm}^2,\ p = \dfrac{A_s}{bd} = \dfrac{3854}{400 \times 530} = 0.0181$

$A'_s = 1719 \,\text{mm}^2,\ p' = \dfrac{A'_s}{bd} = \dfrac{1719}{400 \times 530} = 0.0081,\ \bar{p} = p - p' = 0.0100$

$$N'_{ou} = 0.85\sigma'_{ck}bh + A'_s\sigma'_{sy} + A_s\sigma_{sy}$$
$$= 0.85 \times 27 \times 400 \times 600 + (3854 + 1719) \times 300 = 7180 \times 10^3 \text{ N}$$

$$d_c = \left\{0.85\sigma'_{ck}bh\left(d - \frac{h}{2}\right) + A'_s\sigma'_{sy}(d - d')\right\} \Big/ N'_{ou}$$
$$= \left\{0.85 \times 27 \times 400 \times 600 \times \left(530 - \frac{600}{2}\right)\right.$$
$$\left. + 1719 \times 300 \times (530 - 70)\right\} \Big/ 7180 \times 10^3 = 209 \text{ mm}$$

$$m = \frac{\sigma_{sy}}{0.85\sigma'_{ck}} = \frac{300}{0.85 \times 27} = 13.1$$

$$p_b = 0.68\frac{\sigma'_{ck}}{\sigma_{sy}} \cdot \frac{700}{700 + \sigma_{sy}} = 0.68 \times \frac{27}{300} \times \frac{700}{700 + 300} = 0.0428$$

$$a_b = \frac{700}{700 + \sigma_{sy}} \times 0.8d = \frac{700}{700 + 300} \times 0.8 \times 530 = 297 \text{ mm}$$

$$N_b = 0.85\sigma'_{ck}b \cdot a_b + A'_s\sigma'_{sy} - A_s\sigma_{sy}$$
$$= 0.85 \times 27 \times 400 \times 297 + 1719 \times 300 - 3854 \times 300 = 2086 \times 10^3 \text{ N}$$
$$= 2086 \text{ kN}$$

$$M_b = 0.85\sigma'_{ck}b \cdot a_b\left(d - \frac{a_b}{2}\right) + A'_s\sigma'_{sy}(d - d') - N'_b \cdot d_c$$
$$= 0.85 \times 27 \times 400 \times 297 \times \left(530 - \frac{297}{2}\right) + 1719 \times 300 \times (530 - 70)$$
$$- 2086 \times 10^3 \times 209 = 842 \times 10^6 \text{ N} \cdot \text{mm} = 842 \text{ MN} \cdot \text{mm}$$

$$e_b = \frac{M_b}{N'_b} = \frac{842 \times 10^6}{2086 \times 10^3} = 404 \text{ mm}$$

軸力のみの場合の破壊抵抗軸力 N'_{ou} は,
$$N'_{ou} = 7180 \times 10^3 \text{ N} = 7180 \text{ kN}$$

曲げのみの場合の破壊抵抗曲げモーメント M_{ou} は,

式 (5.11): $0.68\dfrac{\sigma'_{ck}}{\sigma_{sy}} \cdot \dfrac{d'}{d} \cdot \dfrac{700}{700 - \sigma_{sy}} = 0.68 \times \dfrac{27}{300} \times \dfrac{70}{530} \times \dfrac{700}{700 - 300}$
$$= 0.0141 > \bar{p} = 0.0100$$

であって圧縮鉄筋は降伏していないから,

式 (5.15): $\dfrac{a}{d} = \dfrac{m}{2}\left\{p - p'\dfrac{700}{\sigma_{sy}} + \sqrt{\left(p - p'\dfrac{700}{\sigma_{sy}}\right)^2 + p'\dfrac{3.2}{m}\cdot\dfrac{d'}{d}\cdot\dfrac{700}{\sigma_{sy}}}\right\}$

$\quad = \dfrac{13.1}{2}\left\{0.0181 - 0.0081 \times \dfrac{700}{300}\right.$

$\quad\quad \left. + \sqrt{\left(0.0181 - 0.0081 \times \dfrac{700}{300}\right)^2 + 0.0081 \times \dfrac{3.2}{13.1} \times \dfrac{70}{530} \times \dfrac{700}{300}}\right\}$

$\quad = 0.162$

$a = 0.162 \times 530 = 86\,\text{mm}$

$\sigma'_s = 700\left(1 - 0.8\dfrac{d'}{d}\cdot\dfrac{d}{a}\right) = 700 \times \left(1 - 0.8 \times \dfrac{70}{86}\right) = 245\,\text{N/mm}^2$

$M_{ou} = (A_s\sigma_{sy} - A'_s\sigma'_s)\left(d - \dfrac{a}{2}\right) + A'_s\sigma'_s(d - d')$

$\quad = (3854 \times 300 - 1719 \times 245) \times \left(530 - \dfrac{86}{2}\right) + 1719 \times 245 \times (530 - 70)$

$\quad = 552 \times 10^6\,\text{N}\cdot\text{mm} = 552\,\text{MN}\cdot\text{mm}$

これらから概略の相互作用図を描くと，図 5.22 のようである．

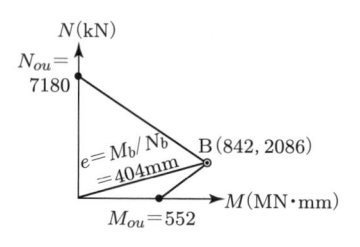

図 5.22

演習問題

1. 図 5.23 に示す断面の破壊抵抗曲げモーメントを求めよ．ただし，$\sigma'_{ck} = 30\,\text{N/mm}^2$ とする．
2. 図 5.23 に示す断面が，$M_d = 200\,\text{MN}\cdot\text{mm}$ の死荷重曲げモーメントと $M_{l+i} = 220\,\text{MN}\cdot\text{mm}$ の活荷重曲げモーメントを受けるときの，終局荷重（道路橋）に対する曲げ破壊安全度を照査せよ．ただし，$\sigma'_{ck} = 30\,\text{N/mm}^2$ とする．
3. 図 5.24 に示すはり（道路橋）の曲げ破壊安全度を照査せよ．ただし $\sigma'_{ck} = 30\,\text{N/mm}^2$ とする．

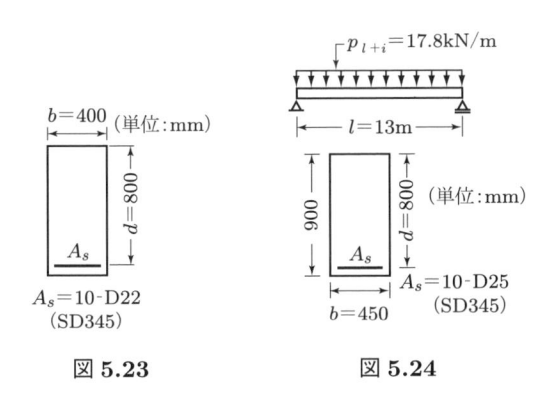

図 5.23

図 5.24

4. 図 5.25 に示す断面の破壊抵抗曲げモーメントを求めよ．ただし，$\sigma'_{ck} = 24\,\text{N/mm}^2$ とする．
5. 図 5.26 に示す断面の破壊抵抗曲げモーメントを求めよ．ただし，$\sigma'_{ck} = 24\,\text{N/mm}^2$ とする．
6. 図 5.27 に示す断面の，
   1) 破壊抵抗曲げモーメントを求めよ．ただし，$\sigma'_{ck} = 24\,\text{N/mm}^2$ とする．

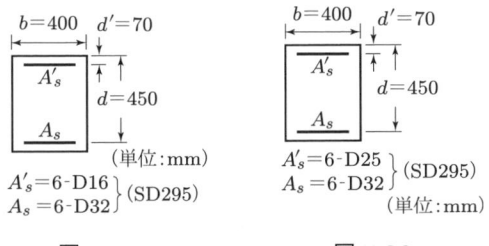

図 5.25

図 5.26

2) $M_d = 640\,\text{MN}\cdot\text{mm}$ の死荷重曲げモーメントと $M_{l+i} = 960\,\text{MN}\cdot\text{mm}$ の活荷重モーメントが作用するときの，このはり（道路橋）の曲げ破壊安全度を照査せよ．

7. 図 5.24 に示すはり（道路橋）の，終局荷重作用時における平均せん断応力度 τ_m の安全性を照査せよ．ただし，$\sigma'_{ck} = 24\,\text{N/mm}^2$ とする．

8. 図 5.28 に示す断面に $M = 400\,\text{MN}\cdot\text{mm}$ の曲げモーメントと $N' = 800\,\text{kN}$ の軸方向圧縮力が作用するときの，この断面の破壊抵抗曲げモーメント M_u および破壊抵抗軸力 N'_u を求めよ．ただし，$\sigma'_{ck} = 24\,\text{N/mm}^2$ とする．

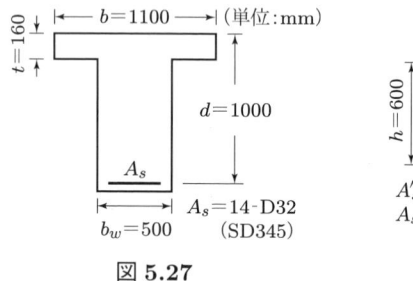

図 5.27

図 5.28

第6章

限界状態設計法

6.1　設計方法の概念と特徴

1 設計方法の概念

限界状態設計法は，図 6.1 (a) に示すように，断面破壊などの**終局限界状態**に関しては荷重の公称値に**荷重係数** γ_f を乗じて定まる設計荷重による断面力に対し，材料強度を材料の特性に応じた**材料係数** γ_m で除して定めた設計材料強度を用い，終局強度の計算を行って得られる部材の**耐力**がそれを上回っていれ

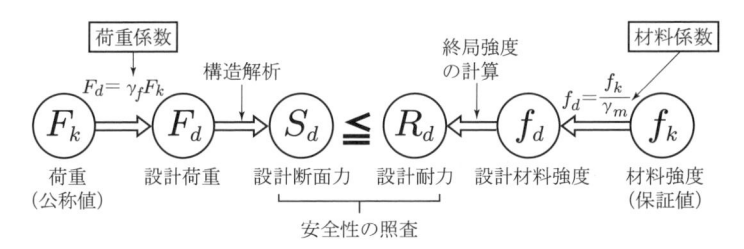

荷重係数　　　　　　　　　　終局強度　　　　　材料係数
$F_d = \gamma_f F_k$　　構造解析　　　　　の計算　　$f_d = \dfrac{f_k}{\gamma_m}$

F_k ⇒ F_d ⇒ S_d ≦ R_d ⇐ f_d ⇐ f_k

荷重　　　設計荷重　設計断面力　設計耐力　設計材料強度　材料強度
（公称値）　　　　　　　　　　　　　　　　　　　　　　（保証値）

　　　　　　　　　　安全性の照査

(a) 終局限界状態（断面破壊）

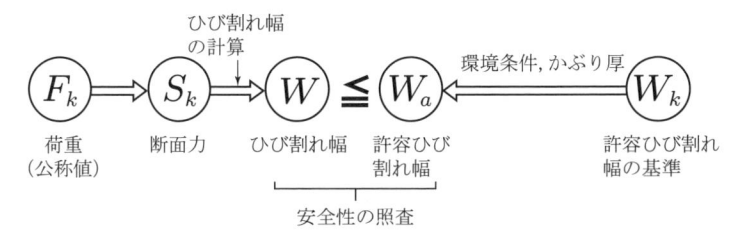

　　　　　　ひび割れ幅
　　　　　　の計算　　　　　　　環境条件, かぶり厚

F_k ⇒ S_k ⇒ W ≦ W_a ⇐ W_k

荷重　　　断面力　ひび割れ幅　許容ひび　　　許容ひび割れ
（公称値）　　　　　　　　　　割れ幅　　　　幅の基準

　　　　　　　　　　安全性の照査

(b) 使用限界状態（ひび割れ幅）

図 6.1　限界状態設計法

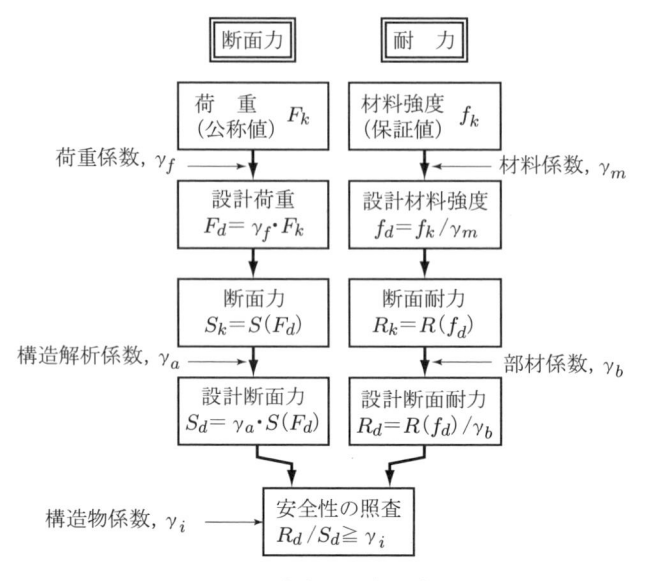

```
            ┌断面力┐              ┌耐 力┐

        ┌──────────┐        ┌──────────┐
        │  荷 重    │        │ 材料強度  │
        │ (公称値)  │$F_k$    │ (保証値)  │$f_k$
        └──────────┘        └──────────┘
荷重係数,$\gamma_f$ →          ← 材料係数,$\gamma_m$
        ┌──────────┐        ┌──────────┐
        │  設計荷重 │        │設計材料強度│
        │$F_d=\gamma_f \cdot F_k$│    │$f_d=f_k/\gamma_m$│
        └──────────┘        └──────────┘

        ┌──────────┐        ┌──────────┐
        │  断面力   │        │  断面耐力 │
        │$S_k=S(F_d)$│      │$R_k=R(f_d)$│
        └──────────┘        └──────────┘
構造解析係数,$\gamma_a$ →       ← 部材係数,$\gamma_b$
        ┌──────────┐        ┌──────────┐
        │ 設計断面力│        │設計断面耐力│
        │$S_d=\gamma_a \cdot S(F_d)$│ │$R_d=R(f_d)/\gamma_b$│
        └──────────┘        └──────────┘
                   ↓            ↓
構造物係数,$\gamma_i$ →  ┌──────────┐
                   │ 安全性の照査│
                   │$R_d/S_d \geqq \gamma_i$│
                   └──────────┘
```

図 **6.2** 安全性照査の手順

ば,破壊に対して安全であると判定する設計法である.

ひび割れ,たわみなどの**使用限界状態**に関しても,図 6.1 (b) に示すようにこれとほぼ同様の方法で安全性の検討を行う.ただし,使用限界状態の検討は日常的に作用する荷重に対して行うので,荷重は公称値そのものを用いる.

図 6.1 (a) には**安全係数**として荷重の特性やばらつきを考慮するための荷重係数 γ_f と,材料の特性や強度のばらつきを考慮するための材料係数 γ_m が示されているが,安全係数としてはこれらのほかに,図 6.2 に示すように断面力 $S(F_d)$ から設計断面力 S_d を求める際に構造解析における不確実要素を考慮する**構造解析係数** γ_a,および断面耐力 $R(F_d)$ から設計断面力 R_d を求める際に部材寸法のばらつきなど施工上の不確実要素を考慮する**部材係数** γ_b,さらに設計断面耐力 R_d と設計断面力 S_d とを比較して破壊に対する安全度を照査する過程で,構造物の重要度に応じて設計断面耐力に適切な余裕を与えるための**構造物係数** γ_i が用いられる.

なお,材料係数 γ_m は,コンクリートに対する材料係数 γ_c と鉄筋などの鋼材に対する材料係数 γ_s とに分けられる.

表 6.1　安全係数の意味（学会示方書）

考慮する内容	安全係数など
断面耐力： 1. 材料強度のばらつき 　（1）材料試験データから判断できる部分 　（2）材料試験データから判断できない部分（データの不足，偏り，品質管理の程度，供試体と構造物との材料強度の相違，経時変化，など） 2. 材料の種類による特性の相違 3. 耐力計算上の不確実性，部材寸法のばらつき，部材の破壊性状，部材の重要度，など	保証値 材料係数 γ_m ｛コンクリート, γ_c／鋼材, γ_s｝ 部材係数, γ_b
断面力： 1. 荷重のばらつき 　（1）統計データから判断できる部分 　（2）統計データから判断できない部分（データ不足，偏り，供用期間中の荷重の変化，荷重算出方法の不確実性，など） 2. 荷重の種類による特性の相違 3. 断面力計算上の構造解析の不確実性	公称値 荷重係数, γ_f 構造解析係数, γ_a
構造物の重要度，限界状態に達したときの社会的・経済的影響	構造物係数, γ_i

表 6.2　標準的な安全係数の値（学会示方書）

安全係数 限界状態	材料係数, γ_m		部材係数 γ_b	構造解析係数, γ_a	荷重係数 γ_f	構造物係数, γ_i
	コンクリート γ_c	鋼材 γ_s				
終局限界状態	1.3	1.0または1.05	1.1〜1.3	1.0	1.0〜1.2	1.0〜1.2
使用限界状態	1.0	1.0	1.0	1.0	1.0	1.0
疲労限界状態	1.3	1.05	1.0〜1.1	1.0	1.0	1.0〜1.1

　これら 5 種類の安全係数の意味を整理すると表 6.1 のようであり，学会示方書が示しているこれらの標準的な値は，表 6.2 に示すとおりである．

　図 6.2 における 5 種類の安全係数の役割を模式的に図解すると図 6.3 のようである．断面破壊に関しては平均的な断面力 S_k に γ_f, γ_a を乗じて大き目に見積った断面力 S_d にくらべ，平均的な断面耐力 R_k を γ_m, γ_b で除して控え目に見積った断面耐力 R_d の方が大きければ，すなわち $R_d \geqq S_d$ であれば，断面破

壊に対して安全であると判定するのである．

構造物係数 γ_i は，$R_d > S_d$ の場合の S_d に対する R_d の余裕の程度を表し，$\gamma_i = 1.0$ は $R_d = S_d$ であることを意味する．

❷ 設計方法の特徴

- 長所
    1. 安全度の内容が明確であること．
    2. 材料係数 γ_m と荷重係数 γ_f とを用いることにより，材料の性質の違いも荷重の性質の違いも設計に反映しうること．
    3. 終局限界状態と使用限界状態とについて検討することにより，耐力と使用性の両方を確保できること．
- 短所

    安全係数の値は，本来確率統計論的に定められるべきものであるが，データの蓄積が不十分のためそれがなされていないこと．
- 特徴

    耐力と使用性の両者を対等に考慮できる設計法である．

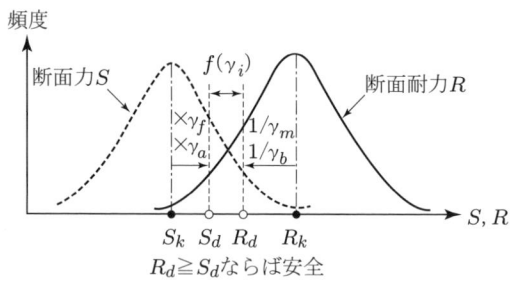

図 6.3　安全係数の意味

6.2　限界状態

　限界状態は，①終局限界状態，②使用限界状態および③疲労限界状態の三つに区分されるが，③は終局限界状態が部材の疲労破壊によって生じるとの限定はあるものの，本質的には①に含まれるものであるため，本書では以下①と②のみについて述べる．①と②は，次のような状態をいう．

1. 終局限界状態：部材断面の破壊や剛体安定の喪失（転倒・滑動・沈下）などが生じて，構造物をそれ以上使用できなくなる状態．

2. 使用限界状態：強度（耐力）上問題はなくても，過大なひび割れ，過大なたわみや振動などが生じて，構造物をそれ以上使用できなくなる状態．

　これらの各限界状態には表 6.3 および表 6.4 に示すようなさまざまな限界状態があるが，これらのうち対象とする構造物に必要なものだけについて照査を行えばよい．

　鉄筋コンクリート構造物の主要な限界状態について，照査順序の一例を図 6.4 に示す．

　橋梁上部構造のように接地していない構造物については①は不要で，②以降について検討を行えばよく，一般には②と③だけ行えば十分な場合が多い．

　プレストレストコンクリート構造物の場合は，まず断面の応力度がプレストレストコンクリートとしての条件（断面に全く引張応力が生じないか，または引張応力の発生を認める場合でもその値がひび割れを生じさせない許容値以下

表 6.3　終局限界状態の例

限界状態	構造物の状態
断面破壊の終局限界状態	構造物または部材の断面が破壊する状態
剛体安定の終局限界状態	構造物の全体または一部が転倒等により安定を失う状態
変位の終局限界状態	構造物に大変位が生じて，所要の耐荷能力を失う状態
変形の終局限界状態	塑性変形，クリープ，ひび割れ，不同沈下などにより構造物に大変形が生じて，所要の耐荷能力を失う状態
メカニズムの終局限界状態	不静定構造物の最大曲げモーメント断面に生じる塑性ヒンジがモーメント再分配を行うのに十分な性能を保持できなくなる状態

であること）を満足していることを確かめ，その後に断面破壊の検討を行うことになるので，図 6.4 の ① と ② の順序が入れ替わる．

表 6.4 使用限界状態の例

限 界 状 態	構 造 物 の 状 態
ひび割れの使用限界状態	ひび割れが生じて構造物の耐久性・水密性・気密性が保持できなくなったり，容認しがたいほど美観を害している状態
変形の使用限界状態	構造物の変形が大きすぎて，正常に使用できなくなる状態
変位の使用限界状態	安定・平衡を失うほどではないが，過大な変位が生じて使用に支障をきたしている状態
損傷の使用限界状態	各種の原因による損傷が生じて，そのまま使用するのが不適当となっている状態
振動の使用限界状態	構造物の振動が大きく，正常な使用ができないか，利用者に不安感を抱かせる状態
有害振動発生の使用限界状態	構造物の発する振動が地盤を通じて周辺の施設などに伝播し，器物を損傷させたり住民に不安感・不快感を与えたりする状態

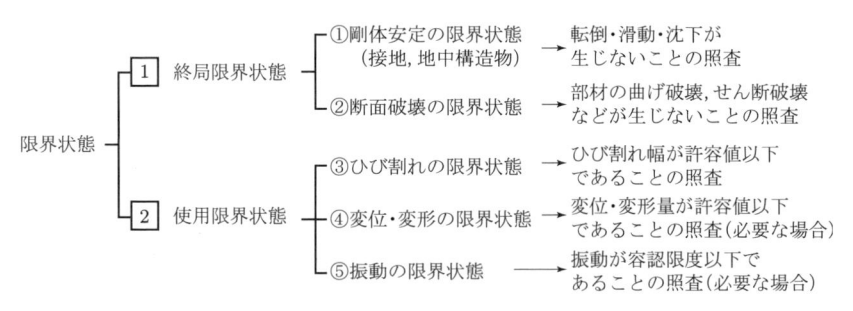

```
                          ┌─①剛体安定の限界状態    → 転倒・滑動・沈下が
              ┌ 1 ┐ 終局限界状態 ┤   （接地，地中構造物）      生じないことの照査
              │                 └─②断面破壊の限界状態    → 部材の曲げ破壊，せん断破壊
限界状態 ─┤                                                   などが生じないことの照査
              │                 ┌─③ひび割れの限界状態   → ひび割れ幅が許容値以下
              └ 2 ┘ 使用限界状態 ┤                              であることの照査
                                ├─④変位・変形の限界状態  → 変位・変形量が許容値以下
                                │                              であることの照査（必要な場合）
                                └─⑤振動の限界状態       → 振動が容認限度以下で
                                                                あることの照査（必要な場合）
```

図 6.4 安全性検討の順序の例

6.3　材料および荷重の設計値

① 材料の設計値

（1）コンクリート

1）設計強度

　コンクリートの設計強度 f'_{cd} は，設計基準強度（レディミクストコンクリートの場合は，呼び強度）f'_{ck} をコンクリートの材料係数 γ_c で除した値とする．

$$f'_{cd} = f'_{ck}/\gamma_c \tag{6.1}$$

設計圧縮強度以外の各種設計強度は，式 (2.2)〜式 (2.5) をもとに，次のように表される．

　　設計引張強度：$f_{td} = 0.23 f'_{ck}{}^{2/3}/\gamma_c$ （6.2）

　　設計付着強度（異形棒鋼）：$f_{bod} = 0.28 f'_{ck}{}^{2/3}/\gamma_c$, （6.3）
　　　　　　　　　　　ただし，$f_{bod} \leqq 4.2/\gamma_c \, \text{N/mm}^2$

　　設計支圧強度：$f'_{ad} = \eta f'_{ck}/\gamma_c$
　　　　　ただし，$\eta = \sqrt{A/A_a} \leqq 2$，記号の意味については，式 (2.4) 参照．

　　設計曲げひび割れ強度：$f_{bcd} = k_{ob} \cdot k_{1b} \cdot f_{tk}/\gamma_c$ （6.5）
　　　　　　　　　　　ただし，記号の意味については，式 (2.5) 参照．

2）応力－ひずみ関係

　終局限界状態の検討には，図 6.5 (a) の応力－ひずみ関係を用いる．同図中に，$k_1 = 1 - 0.003 f'_{ck} \leqq 0.85$, $\varepsilon'_{cu} = \dfrac{155 - f'_{ck}}{30000}$, $0.0025 \leqq \varepsilon'_{cu} \leqq 0.0035$ と示されているが，$f'_{ck} \leqq 50 \, \text{N/mm}^2$ の場合には $k_1 = 0.85$, $\varepsilon'_{cu} = 0.0035$ となる．

　使用限界状態の検討には，図 6.5 (b) の直線関係を用いる．ただし，$\sigma'_c = E_c \cdot \varepsilon'_c$ の E_c は，表 5.1 に示す値を用いる．

3）ヤング係数

　コンクリートのヤング係数は，表 5.1 に示す値を用いる．ただし，作用する応力度が小さい場合には，ヤング係数の値は初期弾性係数に近い大きな値となるので，表 5.1 の値を 10 % 程度割増すのがよい．

第 6 章 限界状態設計法

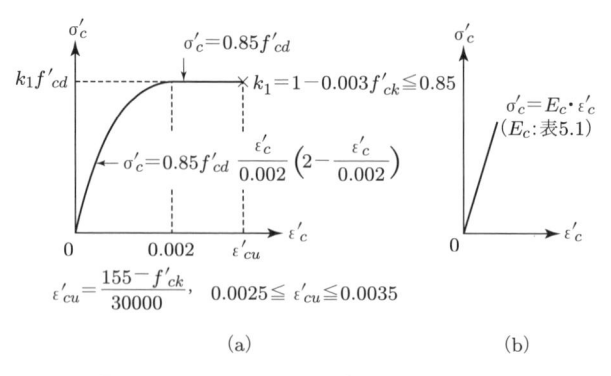

図(a):
- $\sigma'_c = 0.85 f'_{cd}$
- $k_1 f'_{cd}$, $k_1 = 1 - 0.003 f'_{ck} \leq 0.85$
- $\sigma'_c = 0.85 f'_{cd} \dfrac{\varepsilon'_c}{0.002}\left(2 - \dfrac{\varepsilon'_c}{0.002}\right)$
- $\varepsilon'_{cu} = \dfrac{155 - f'_{ck}}{30000}$, $0.0025 \leq \varepsilon'_{cu} \leq 0.0035$

図(b): $\sigma'_c = E_c \cdot \varepsilon'_c$ (E_c:表5.1)

図 6.5 コンクリートの応力 – ひずみ関係

4) 収縮およびクリープ

コンクリートの収縮は，普通コンクリートの場合は一般に表 2.2 に示す値，クリープ係数は表 2.3 に示す値としてよい．

(2) 鉄　　筋

1) 設計強度

鉄筋の設計引張強度 f_{yd} は，引張強度の特性値（JIS 規格降伏点下限値，f_{yk}）を鉄筋の材料係数 $\gamma_s = 1.0$ で除した値，すなわち JIS 規格降伏点下限値とする．

設計圧縮強度 f'_{yd} は，f_{yd} と絶対値の等しい値とする．

2) 応力 – ひずみ関係

終局限界状態の検討には図 6.6 (a)，使用限界状態の検討には図 6.6 (b) の応力 – ひずみ関係を用いる．

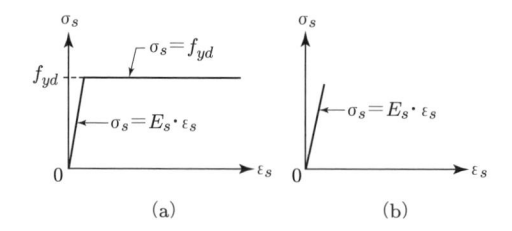

図(a): $\sigma_s = f_{yd}$, $\sigma_s = E_s \cdot \varepsilon_s$

図(b): $\sigma_s = E_s \cdot \varepsilon_s$

図 6.6 鉄筋の応力 – ひずみ関係

3) ヤング係数

鉄筋のヤング係数は，一般に $E_s = 200\,\text{kN/mm}^2$ とする．

❷ 荷重の設計値

荷重の設計値は，荷重の公称値に表 6.5 に示す荷重係数 γ_f を乗じた値とする．ここで用いる荷重係数 γ_f は，5 章終局強度設計法における荷重係数とはその本質も値も異なるものであることに注意する必要がある（終局強度設計法の γ_f には荷重以外の不確実要素も包含されているのに対し，限界状態設計法の γ_f は純粋に荷重のみの不確実要素を考慮するものである）．

表 6.5 荷重係数

限界状態	荷重の種類	荷重係数, γ_f
終局限界状態	永久荷重	1.0〜1.2*
	主たる変動荷重	1.1〜1.2
	従たる変動荷重	1.0
	偶発荷重	1.0
使用限界状態	すべての荷重	1.0
疲労限界状態	すべての荷重	1.0

（*自重以外の永久荷重で，小さいほうが危険側となる場合には，$\gamma_f = 0.9$〜1.0 とするのがよい．）

6.4　断面破壊の終局限界状態に対する安全性の検討

❶ 概　説

構造物または部材は，断面破壊，大変位・大変形または剛体安定の喪失などの終局限界状態に対してそれぞれ合理的な安全度を有するものでなければならないが，断面破壊に対する安全性の検討はこれらの中でも特に重要なものの一つで，ほとんどすべての構造物または部材について行われる．

断面破壊に対する安全性の照査は，次式を満足することを確かめることによって行う．

$$\frac{R_d}{S_d} \geq \gamma_i, \quad \text{または，} \quad \frac{R_d}{\gamma_i \cdot S_d} \geq 1.0 \tag{6.6}$$

ここに，$R_d = R(f_d)/\gamma_b$：設計断面耐力．$S_d = \gamma_a \cdot S(F_d)$：設計断面力．

設計断面力 S_d は，線形解析（荷重と断面力とは比例するものと仮定した計算）により算定する．

設計断面耐力 R_d の算定は，次の仮定のもとに行う．

1. 維ひずみは，中立軸からの距離に比例する．
2. コンクリートの引張応力は，無視する．
3. コンクリートの応力－ひずみ関係は図 6.5 (a)，鉄筋の応力－ひずみ関係は図 6.6 (a) によるのを原則とする．ただし，圧縮側コンクリートの応力分布は，一般に図 6.7 (c) に示す等価応力ブロックを用いる．

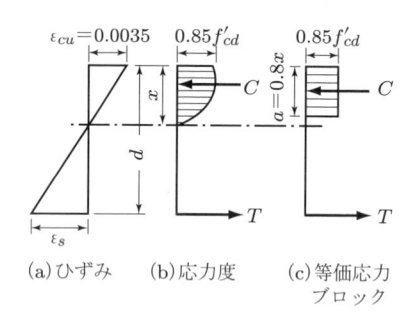

(a)ひずみ　(b)応力度　(c)等価応力ブロック

図 6.7　断面耐力計算上の仮定

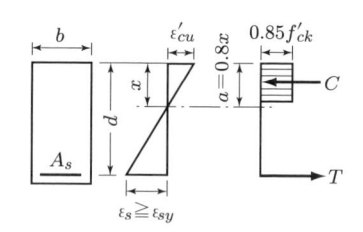

図 6.8　単鉄筋長方形断面

❷ 曲げモーメントを受ける部材

(1) 単鉄筋長方形断面

1) 設計曲げモーメント

設計曲げモーメント M_d は，構造解析によって得られた曲げモーメント M に，構造解析係数 γ_a と荷重係数 γ_f を乗じた値とする．

$$M_d = \gamma_a \cdot \gamma_f \cdot M \tag{6.7}$$

2) 設計曲げ耐力

図 6.8 に示すような単鉄筋長方形断面における応力ブロック高さ a および曲げ耐力 M_u は，それぞれ式 (5.2) および式 (5.3) において $\sigma_{sy} = f_{yd}$，$\sigma'_{ck} = f'_{cd}$ として次式で表される．

$$a = \frac{A_s f_{yd}}{0.85 f'_{cd} \cdot b} \tag{6.8}$$

6.4 断面破壊の終局限界状態に対する安全性の検討　115

$$M_u = A_s f_{yd} \left(d - \frac{1}{2} \cdot \frac{A_s \cdot f_{yd}}{0.85 f'_{cd} \cdot b} \right) \tag{6.9}$$

設計曲げ耐力 M_{ud} は，M_u を部材係数 γ_b で除して，

$$M_{ud} = A_s f_{yd} \left(d - \frac{1}{2} \cdot \frac{A_s f_{yd}}{0.85 f'_{cd} \cdot b} \right) \bigg/ \gamma_b \tag{6.10}$$

部材係数 γ_b は，一般に 1.15 を用いる．

式 (6.10) は部材が曲げ引張破壊することを前提とするもので，そのための鉄筋比の条件は式 (5.5) から，

$$p \leqq 0.68 \frac{f'_{cd}}{f_{yd}} \cdot \frac{700}{700 + f_{yd}} \tag{6.11}$$

式 (6.10) により M_{ud} を算定するときは，鉄筋比が式 (6.11) の条件を満足することをあらかじめ確かめなければならない．

終局状態におけるつり合い鉄筋比 p_b は，式 (6.11) の等号をとり，

$$p_b = 0.68 \frac{f'_{cd}}{f_{yd}} \cdot \frac{700}{700 + f_{yd}} \tag{6.12}$$

f'_{cd} と f_{yd} の種々の組合わせに対する p_b の値は，表 6.6 のようである．

3）安全性の照査

設計曲げ耐力 M_{ud} と設計曲げモーメント M_d との関係が次式の条件を満足するとき，その部材は曲げ破壊に対して安全であると判定する．

$$\frac{M_{ud}}{M_d} \geqq \gamma_i, \quad \text{または，} \quad \frac{M_{ud}}{\gamma_i \cdot M_d} \geqq 1.0 \tag{6.13}$$

表 **6.6** 終局つり合い鉄筋比，$p_b(\%)$

f'_{ck} (N/mm^2)	f_{yd} (N/mm^2)		
	240	300	350
18	2.96	2.23	1.82
21	3.45	2.60	2.13
24	3.94	2.97	2.43
27	4.44	3.34	2.73
30	4.93	3.71	3.04
40	6.57	4.95	4.05

計算例 6.1

Q. 図 6.9 に示す断面の設計曲げ耐力 M_{ud} を求めよ．ただし，$f'_{ck} = 24\,\mathrm{N/mm^2}$，$\gamma_b = 1.15$ とする．

A. $A_s = 1146\,\mathrm{mm^2}$，$p = \dfrac{A_s}{bd} = \dfrac{1146}{300 \times 500} = 0.0076$

$f'_{cd} = \dfrac{f'_{ck}}{\gamma_c} = \dfrac{24}{1.3} = 18.5\,\mathrm{N/mm^2}$，$f_{yd} = 350\,\mathrm{N/mm^2}$

$p_b = 0.68 \dfrac{f'_{cd}}{f_{yd}} \cdot \dfrac{700}{700 + f_{yd}} = 0.68 \times \dfrac{18.5}{350} \times \dfrac{700}{700 + 350} = 0.0240$,

$0.75 p_b = 0.0180$

$p < 0.75 p_b$ なので，p は曲げ引張破壊の領域にある．

$M_{ud} = A_s f_{yd} \left(d - \dfrac{1}{2} \cdot \dfrac{A_s f_{yd}}{0.85 f'_{cd} \cdot b} \right) \Big/ \gamma_b$

$= 1146 \times 350 \times \left(500 - \dfrac{1}{2} \cdot \dfrac{1146 \times 350}{0.85 \times 18.5 \times 300} \right) \Big/ 1.15$

$= 160 \times 10^6\,\mathrm{N \cdot mm} = 160\,\mathrm{MN \cdot mm}$

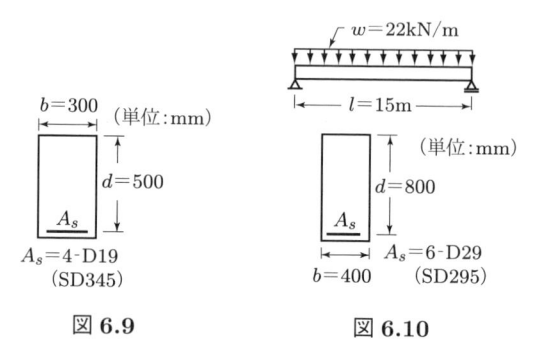

図 6.9　$b=300$，$d=500$，$A_s=4\text{-}D19$ (SD345)（単位:mm）

図 6.10　$w=22\mathrm{kN/m}$，$l=15\mathrm{m}$，$b=400$，$d=800$，$A_s=6\text{-}D29$ (SD295)（単位:mm）

計算例 6.2

Q. 図 6.10 に示すはりの曲げ破壊に対する安全性を照査せよ．ただし，$f'_{ck} = 24\,\mathrm{N/mm^2}$，$\gamma_a = 1.0$，$\gamma_f = 1.10$，$\gamma_b = 1.15$，$\gamma_i = 1.0$ とする．

A. $M = \dfrac{wl^2}{8} = \dfrac{22 \times 15000^2}{8} = 619 \times 10^6\,\mathrm{N \cdot mm}$

$M_d = \gamma_a \cdot \gamma_f \cdot M = 1.0 \times 1.10 \times 619 \times 10^6 = 681 \times 10^6\,\mathrm{N \cdot mm} = 681\,\mathrm{MN \cdot mm}$

$A_s = 3854\,\mathrm{mm^2}$，$p = \dfrac{A_s}{bd} = \dfrac{3854}{400 \times 800} = 0.0120$

6.4 断面破壊の終局限界状態に対する安全性の検討　117

$f'_{cd} = 24/1.3 = 18.5\,\text{N/mm}^2, \quad f_{yd} = 300\,\text{N/mm}^2$

$p_b = 0.68 \dfrac{f'_{cd}}{f_{yd}} \cdot \dfrac{700}{700 + f_{yd}} = 0.68 \times \dfrac{18.5}{300} \times \dfrac{700}{700 + 300} = 0.0294,$

$0.75 p_b = 0.0220$

$p < 0.75 p_b$ なので，p は曲げ引張破壊の領域にある．

$M_{ud} = A_s f_{yd} \left(d - \dfrac{1}{2} \cdot \dfrac{A_s f_{yd}}{0.85 f'_{cd} \cdot b} \right) \Big/ \gamma_b$

$\quad\quad = 3854 \times 300 \times \left(800 - \dfrac{1}{2} \cdot \dfrac{3854 \times 300}{0.85 \times 18.5 \times 400} \right) \Big/ 1.15$

$\quad\quad = 712 \times 10^6\,\text{N}\cdot\text{mm} = 712\,\text{MN}\cdot\text{mm}$

$\dfrac{M_{ud}}{M_d} = \dfrac{712}{681} = 1.04 > \gamma_i = 1.0,$ したがってこのはりは曲げ破壊に対して安全である．

（2）複鉄筋長方形断面

1）引張・圧縮両鉄筋とも降伏している場合

終局状態において，図 6.11 に示すように引張鉄筋も圧縮鉄筋も降伏しているものとすれば，力のつり合い $T = C' + C''$ から，

$$A_s f_{yd} = 0.85 f'_{cd} \cdot ba + A'_s f'_{yd}$$

$$a = \dfrac{A_s f_{yd} - A'_s f'_{yd}}{0.85 f'_{cd} \cdot b} \tag{6.14}$$

引張鉄筋位置におけるモーメントのつり合いと，力のつり合い $T = C' + C''$ とから，

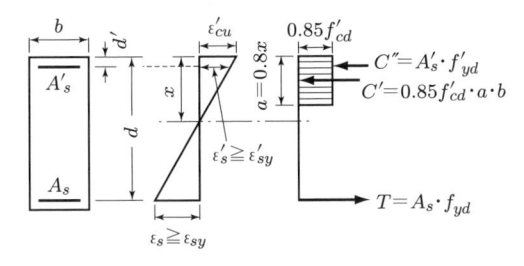

図 **6.11**　複鉄筋長方形断面

$$M_u = C'\left(d - \frac{a}{2}\right) + C''(d - d')$$

$$= (A_s f_{yd} - A'_s f'_{yd})\left(d - \frac{a}{2}\right) + A'_s f'_{yd}(d - d')$$

$$= (A_s f_{yd} - A'_s f'_{yd})\left(d - \frac{1}{2} \cdot \frac{A_s f_{yd} - A'_s f'_{yd}}{0.85 f'_{cd} \cdot b}\right) + A'_s f'_{yd}(d - d') \tag{6.15}$$

引張鉄筋，圧縮鉄筋ともに降伏しているための鉄筋比に関する条件は，式 (5.12) から，

$$0.68\frac{f'_{cd}}{f_{yd}} \cdot \frac{d'}{d} \cdot \frac{700}{700 - f'_{yd}} \leq \bar{p} \leq 0.68\frac{f'_{cd}}{f_{yd}} \cdot \frac{700}{700 + f_{yd}}, \quad \bar{p} = p - p' \tag{6.16}$$

$\bar{p}$ の値が式 (6.16) の条件を満足する場合のみ，式 (6.15) により曲げ耐力 M_u を算定することができる．

設計曲げ耐力 M_{ud} は，

$$M_{ud} = M_d/\gamma_b$$

2) 圧縮鉄筋は降伏していない場合

圧縮鉄筋が降伏していない条件は，式 (5.11) から，

$$\bar{p} < 0.68\frac{f'_{cd}}{f_{sy}} \cdot \frac{d'}{d} \cdot \frac{700}{700 - f'_{sy}} \tag{6.17}$$

であり，圧縮鉄筋の応力度 σ'_s は，

$$\sigma'_s = 700\left(1 - 0.8\frac{d'}{d} \cdot \frac{d}{a}\right) \tag{5.14}_\text{再}$$

上式中の d/a は，式 (5.15) から，

$$\frac{a}{d} = \frac{m}{2}\left\{p - p'\frac{700}{f_{yd}} + \sqrt{\left(p - p'\frac{700}{f_{yd}}\right)^2 + p'\frac{3.2}{m} \cdot \frac{d'}{d} \cdot \frac{700}{f_{yd}}}\right\},$$

ただし，$m = \dfrac{f_{yd}}{0.85 f'_{cd}} \tag{6.18}$

式 (6.18) から a/d を求め，式 (5.14) から σ'_s を求めれば，次式により曲げ耐力 M_u を算定することができる．

$$M_u = (A_s f_{yd} - A'_s \sigma'_s)\left(d - \frac{1}{2} \cdot \frac{A_s f_{yd} - A'_s \sigma'_s}{0.85 f'_{cd} \cdot b}\right) + A'_s \sigma'_s (d - d') \quad (6.19)$$

設計曲げ耐力 M_{ud} は，

$$M_{ud} = M_u / \gamma_b$$

計算例 6.3

Q. 図 6.12 に示す断面の設計曲げ耐力を求めよ．ただし，$f'_{ck} = 24\,\mathrm{N/mm^2}$，$\gamma_b = 1.15$ とする．

A. $A_s = 3854\,\mathrm{mm^2}$，$p = \dfrac{A_s}{bd} = \dfrac{3854}{400 \times 430} = 0.0224$

$$A'_s = 1192\,\mathrm{mm^2},\quad p' = \frac{A'_s}{bd} = \frac{1192}{400 \times 430} = 0.0069,\quad \bar{p} = p - p' = 0.0155$$

$$f'_{cd} = \frac{24}{1.3} = 18.5\,\mathrm{N/mm^2},\quad f_{yd} = f'_{yd} = 300\,\mathrm{N/mm^2}$$

式 (6.16)：$0.68 \dfrac{f'_{cd}}{f_{yd}} \cdot \dfrac{d'}{d} \cdot \dfrac{700}{700 - f'_{yd}} = 0.68 \times \dfrac{18.5}{300} \times \dfrac{70}{430} \times \dfrac{700}{700 - 300} = 0.0119$

$$0.68 \frac{f'_{cd}}{f_{yd}} \cdot \frac{700}{700 + f_{yd}} = 0.68 \times \frac{18.5}{300} \times \frac{700}{700 + 300} = 0.0294$$

$0.0119 < \bar{p} = 0.0155 < 0.0294$ であるから，引張・圧縮両鉄筋とも降伏している．

$$\begin{aligned} M_u &= (A_s f_{yd} - A'_s f'_{yd})\left(d - \frac{1}{2} \cdot \frac{A_s f_{yd} - A'_s f'_{yd}}{0.85 f'_{cd} \cdot b}\right) + A'_s f'_{yd}(d - d') \\ &= (3854 - 1192) \times 300 \times \left\{430 - \frac{1}{2} \cdot \frac{(3854 - 1192) \times 300}{0.85 \times 18.5 \times 400}\right\} \\ &\quad + 1192 \times 300 \times (430 - 70) = 422 \times 10^6\,\mathrm{N \cdot mm} = 422\,\mathrm{MN \cdot mm} \end{aligned}$$

$$\therefore \quad M_{ud} = \frac{M_d}{\gamma_b} = \frac{422}{1.15} = 367\,\mathrm{MN \cdot mm}$$

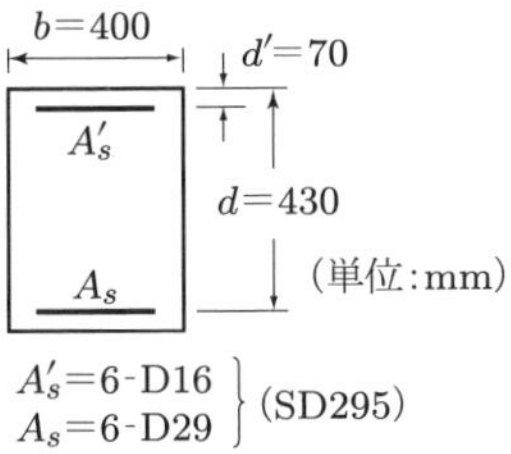

b=400
d′=70
A′s
d=430
As
(単位:mm)
A′s=6-D16
As=6-D29
(SD295)

図 **6.12**

■計算例 6.4

Q. 計算例 6.3 の断面において，A'_s を $A'_s = 6\text{-}D22$ に変更した場合の設計曲げ耐力を求めよ．

A. $A_s = 3854\,\text{mm}^2,\ p = 0.0224$

$A'_s = 2323\,\text{mm}^2, \quad p' = \dfrac{2323}{400 \times 430} = 0.0135, \quad \bar{p} = p - p' = 0.0089$

式 $(6.17): 0.68\dfrac{f'_{cd}}{f_{yd}} \cdot \dfrac{d'}{d} \cdot \dfrac{700}{700 - f'_{yd}} = 0.68 \times \dfrac{18.5}{300} \times \dfrac{70}{430} \times \dfrac{700}{700 - 300} = 0.0119 >$
$\bar{p} = 0.0089$，圧縮鉄筋は降伏しない．

$m = \dfrac{f_{yd}}{0.85 f'_{cd}} = \dfrac{300}{0.85 \times 18.5} = 19.1$

$\dfrac{a}{d} = \dfrac{m}{2}\left\{ p - p'\dfrac{700}{f_{yd}} + \sqrt{\left(p - p'\dfrac{700}{f_{yd}}\right)^2 + p'\dfrac{3.2}{m} \cdot \dfrac{d'}{d} \cdot \dfrac{700}{f_{yd}}} \right\}$

$= \dfrac{19.1}{2}\left\{ 0.0224 - 0.0135 \times \dfrac{700}{300} \right.$

$\left. + \sqrt{\left(0.0224 - 0.0135 \times \dfrac{700}{300}\right)^2 + 0.0135 \times \dfrac{3.2}{19.1} \times \dfrac{70}{430} \times \dfrac{700}{300}} \right\}$

$= 0.193$

$a = 0.193 \times 430 = 83\,\text{mm}$

$\sigma'_s = 700\left(1 - 0.8\dfrac{d'}{d} \cdot \dfrac{d}{a}\right) = 700 \times \left(1 - 0.8 \times \dfrac{70}{83}\right) = 227\,\text{N}\cdot\text{mm}^2$

$M_u = (A_s f_{yd} - A'_s \sigma'_s)\left(d - \dfrac{1}{2} \cdot \dfrac{A_s f_{yd} - A'_s \sigma'_s}{0.85 f'_{cd} \cdot b}\right) + A'_s \sigma'_s (d - d')$

$= (3854 \times 300 - 2323 \times 227) \times \left(430 - \dfrac{1}{2} \cdot \dfrac{3854 \times 300 - 2323 \times 227}{0.85 \times 18.5 \times 400}\right)$

$+ 2323 \times 227 \times (430 - 70) = 429 \times 10^6\,\text{N}\cdot\text{mm} = 429\,\text{MN}\cdot\text{mm}$

$\therefore\ M_{ud} = \dfrac{M_u}{\gamma_b} = \dfrac{429}{1.15} = 373\,\text{MN}\cdot\text{mm}$

注）前問と対比すると，A'_s を約 2 倍にしても M_u は 2%以下の増加にとどまり，曲げ引張破壊するはりでは A'_s ははりの耐力にはほとんど寄与しないことがわかる．

(3) 単鉄筋 T 形断面

図 6.13 (a) に示す断面において，

$$a = \frac{A_s f_{yd}}{0.85 f'_{cd} \cdot b} > t$$

のとき，T 形断面として計算する．

同図 (b) から，式 (5.16) と同様に，

$$A_{sf} = \frac{0.85 f'_{cd}(b - b_w)t}{f_{yd}} \tag{6.20}$$

同図 (c) から，式 (5.17) と同様に，

$$a = \frac{(A_s - A_{sf}) \cdot f_{yd}}{0.85 f'_{cd} \cdot b_w} \tag{6.21}$$

T 形断面の曲げ耐力 M_u は，

$$M_u = A_{sf} \cdot f_{yd}\left(d - \frac{t}{2}\right) + (A_s - A_{sf}) \cdot f_{yd}\left(d - \frac{a}{2}\right) \tag{6.22}$$

設計曲げ耐力 M_{ud} は，

$$M_{ud} = M_u / \gamma_b$$

なお，ウェブ部分の鉄筋比 $\dfrac{A_s - A_{sf}}{b_w \cdot d}$ は，終局つり合い鉄筋比 $p_b = 0.68 \dfrac{f'_{cd}}{f_{yd}} \cdot \dfrac{700}{700 + f_{yd}}$ の 75%以下としなければならない．

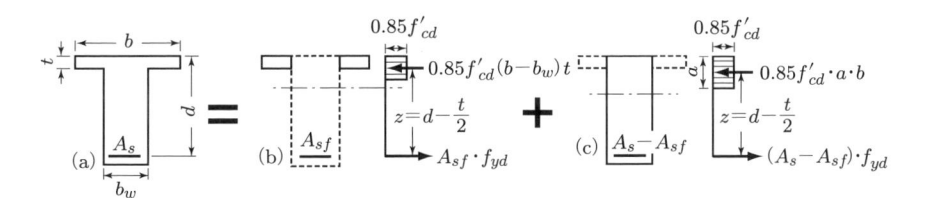

図 6.13 単鉄筋 T 型断面

■ 計算例 6.5

Q. 図 6.14 に示す断面の曲げ耐力 M_u を求めよ．ただし，$f'_{ck} = 24\,\mathrm{N/mm^2}$ とする．

A. $A_s = 9530\,\mathrm{mm^2}$，$f'_{cd} = 24/1.3 = 18.5\,\mathrm{N/mm^2}$，$f_{yd} = 350\,\mathrm{N/mm^2}$

$$a = \frac{A_s f_{yd}}{0.85 f'_{cd} \cdot b} = \frac{9530 \times 350}{0.85 \times 18.5 \times 1100} = 193\,\mathrm{mm} > t = 150\,\mathrm{mm},$$

ゆえに T 形断面．

$$A_{sf} = \frac{0.85 f'_{cd}(b - b_w)t}{f_{yd}} = \frac{0.85 \times 18.5 \times (1100 - 400) \times 150}{350} = 4717\,\mathrm{mm}^2$$

$$a = \frac{(A_s - A_{sf})f_{yd}}{0.85 f'_{cd} \cdot b_w} = \frac{(9530 - 4717) \times 350}{0.85 \times 18.5 \times 400} = 258\,\mathrm{mm}$$

$$M_u = A_{sf} \cdot f_{yd}\left(d - \frac{t}{2}\right) + (A_s - A_{sf})f_{yd}\left(d - \frac{a}{2}\right)$$

$$= 4717 \times 350 \times \left(1000 - \frac{150}{2}\right) + (9530 - 4717) \times 350 \times \left(1000 - \frac{258}{2}\right)$$

$$= 2994 \times 10^6\,\mathrm{N \cdot mm} = 2994\,\mathrm{MN \cdot mm}$$

ウェブの鉄筋比を照査すると，

$$p_w = \frac{A_s - A_{sf}}{b_w \cdot d} = \frac{9530 - 4717}{400 \times 1000}$$

$$= 0.0120 < 0.75 p_b = 0.75 \times \left(0.68 \times \frac{18.5}{350} \times \frac{700}{700 + 350}\right) = 0.0180$$

となり，所要の条件を満足している．

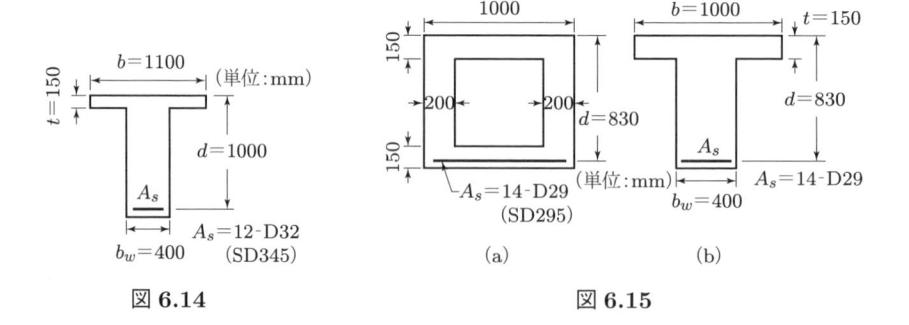

図 6.14

図 6.15

■ 計算例 6.6

Q. 図 6.15 (a) に示す断面の曲げ耐力 M_u を求めよ．ただし，$f'_{ck} = 24\,\mathrm{N/mm}^2$ とする．

A. 図 (a) のウェブを中央に集めれば，(b) のような T 形断面となる．

$$A_s = 8993\,\mathrm{mm}^2, \quad f'_{cd} = 18.5\,\mathrm{N/mm}^2, \quad f_{yd} = 300\,\mathrm{N/mm}^2$$

$$a = \frac{A_s f_{yd}}{0.85 f'_{cd} \cdot b} = \frac{8993 \times 300}{0.85 \times 18.5 \times 1000} = 172\,\mathrm{mm} > t = 150\,\mathrm{mm}$$

よって，この断面は T 形断面である．

$$A_{sf} = \frac{0.85 f'_{cd}(b-b_w)t}{f_{yd}} = \frac{0.85 \times 18.5 \times (1000-400) \times 150}{300} = 4717\,\text{mm}^2$$

$$a = \frac{(A_s - A_{sf})f_{yd}}{0.85 f'_{cd} \cdot b_w} = \frac{(8993-4717) \times 300}{0.85 \times 18.5 \times 400} = 204\,\text{mm}$$

$$M_u = A_{sf} \cdot f_{yd}\left(d-\frac{t}{2}\right) + (A_s - A_{sf})f_{yd}\left(d-\frac{a}{2}\right)$$

$$= 4717 \times 300 \times \left(830-\frac{150}{2}\right) + (8993-4717) \times 300 \times \left(830-\frac{204}{2}\right)$$

$$= 2002 \times 10^6\,\text{N}\cdot\text{mm} = 2002\,\text{MN}\cdot\text{mm}$$

$$p_w = \frac{A_s - A_{sf}}{b_w \cdot d} = \frac{8993-4717}{400 \times 830}$$

$$= 0.0129 < 0.75 p_b = 0.75 \times \left(0.68 \times \frac{18.5}{300} \times \frac{700}{700+300}\right) = 0.0220$$

であり，ウェブの鉄筋比の条件を満足している．

③ 偏心軸方向圧縮力を受ける部材

（1）終局つり合い状態

図 6.16 に示すように，圧縮縁のコンクリートのひずみが ε'_{cu} に達すると同時に引張鉄筋が降伏する場合の応力ブロック高さ a_b，つり合い軸力 N'_b およびつり合いモーメント M_b は，式 (5.27)，式 (5.28) および式 (5.29) から，

$$a_b = \frac{700}{700+f_{yd}} \cdot 0.8d \tag{6.23}$$

$$N'_b = 0.85 f'_{cd} b \cdot a_b + A'_s f'_{yd} - A_s f_{yd} \tag{6.24}$$

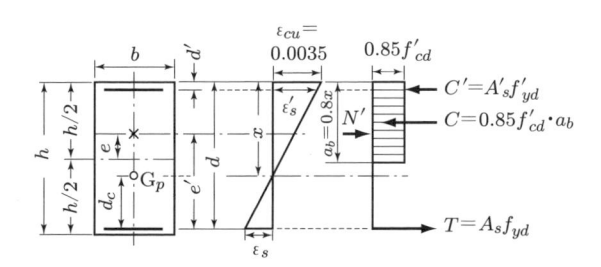

図 6.16 偏心軸方向力を受ける長方形断面

$$M_b = 0.85f'_{cd}b \cdot a_b\left(d - \frac{a_b}{2}\right) + A'_s f'_{yd}(d-d') - N'_b \cdot d_c \quad (6.25)$$

ただし，

$$d_c = \left\{0.85f'_{cd}bh\left(d - \frac{h}{2}\right) + A'_s f'_{yd}(d-d')\right\}\bigg/ N'_{ou} \quad (6.26)$$

$$N'_{ou} = 0.85f'_{cd}bh + A'_s f'_{yd} + A_s f_{yd} \quad (6.27)$$

$$e_b = M_b/N'_b \quad (5.30)_{\text{再}}$$

(2) $N'_u < N'_b (e > e_b)$ の場合

軸方向圧縮耐力 N'_u および曲げ耐力 M_u は，それぞれ式 (5.32) および式 (5.33) から，

$$N'_u = 0.85f'_{cd}b \cdot a + A'_s f'_{yd} - A_s f_{yd} \quad (6.28)$$

$$M_u = 0.85f'_{cd}b \cdot a\left(d - \frac{a}{2}\right) + A'_s f'_{yd}(d-d') - N'_u \cdot d_c \quad (6.29)$$

ただし，これらの式が適用できるのは圧縮鉄筋も降伏している場合，すなわち，式 (5.34) から，

$$\sigma'_s = 700\left(1 - 0.8\frac{d'}{d}\cdot\frac{d}{a}\right) \geqq f'_{yd} \quad (6.30)$$

を満足する場合のみである．

式 (6.28)〜式 (6.30) 中の a または d/a は，次式から求める（式 (5.31) 参照）．

$$\frac{a}{d} = 1 - \frac{e'}{d} + \sqrt{\left(1 - \frac{e'}{d}\right)^2 + 2m\left\{\bar{p}\frac{e'}{d} + p'\frac{f'_{yd}}{f_{yd}}\left(1 - \frac{d'}{d}\right)\right\}} \quad (6.31)$$

ただし，$e' = d - \dfrac{h}{2} + e$

圧縮鉄筋が降伏していないとき，すなわち式 (6.30) の条件を満足しないときは，N'_u, M_u は次式から求める．

$$N'_u = 0.85f'_{cd}b \cdot a + A'_s \sigma'_s - A_s f_{yd} \quad (6.32)$$

$$M_u = 0.85f'_{cd}b \cdot a\left(d - \frac{a}{2}\right) + A'_s \sigma'_s(d-d') - N'_u \cdot d_c \quad (6.33)$$

ただし，$\sigma'_s = 700\left(1 - 0.8\dfrac{d'}{d}\cdot\dfrac{d}{a}\right)$

6.4 断面破壊の終局限界状態に対する安全性の検討

(3) $N'_u > N'_b (e < e_b)$ の場合

軸方向圧縮耐力 N'_u および曲げ耐力 M_u は，式 (5.38) および式 (5.39) から，

$$N'_u = 0.85 f'_{cd} \cdot b \cdot a + A'_s f'_{yd} - A_s \sigma_s \tag{6.34}$$

$$M_u = 0.85 f'_{cd} \cdot b \cdot a \left(d - \frac{a}{2}\right) + A'_s f'_{yd}(d - d') - N'_u \cdot d_c \tag{6.35}$$

ただし，式 (6.34) 中の σ_s は，式 (5.37) から，

$$\sigma_s = 700 \left(0.8 \frac{d}{a} - 1\right) \tag{5.37}_\text{再}$$

$\sigma_s \geqq f_{yd}$ となる場合は，N'_u は式 (6.28) から求めればよい．

■計算例 6.7

Q. 図 6.17 に示す断面に，設計曲げモーメント $M_d = 600\,\text{MN} \cdot \text{mm}$，設計軸圧縮力 $N'_d = 1200\,\text{kN}$ が作用している．この部材の軸方向圧縮耐力 N'_u および曲げ耐力 M_u を求めよ．ただし，$f'_{ck} = 24\,\text{N/mm}^2$ とする．

A. $A_s = 2533\,\text{mm}^2$, $\quad p = \dfrac{A_s}{bd} = \dfrac{2533}{400 \times 730} = 0.0087$

$A'_s = 993\,\text{mm}^2$, $\quad p' = \dfrac{A'_s}{bd} = \dfrac{993}{400 \times 730} = 0.0034$, $\quad \bar{p} = p - p' = 0.0053$

$f'_{cd} = \dfrac{24}{1.3} = 18.5\,\text{N/mm}^2$, $\quad f_{yd} = f'_{yd} = 300\,\text{N/mm}^2$,

$m = \dfrac{f_{yd}}{0.85 f'_{cd}} = \dfrac{300}{0.85 \times 18.5} = 19.1$

式 (6.27): $N'_{ou} = 0.85 f'_{cd} b h + A'_s f'_{yd} + A_s f_{yd}$

$\qquad = 0.85 \times 18.5 \times 400 \times 800 + (2533 + 993) \times 300$

$\qquad = 6090 \times 10^3\,\text{N}$

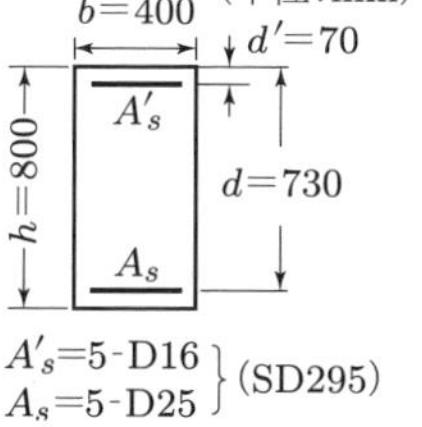

図 6.17

式 (6.26) : $d_c = \left\{0.85f'_{cd}bh\left(d - \dfrac{h}{2}\right) + A'_s f'_{yd}(d-d')\right\} \bigg/ N'_{ou}$

$= \{0.85 \times 18.5 \times 400 \times 800 \times (730 - 400)$

$+ 993 \times 300 \times (730 - 70)\}/6090 \times 10^3 = 305\,\text{mm}$

式 (6.23) : $a_b = \dfrac{700}{700 + f_{yd}} \cdot 0.8d = \dfrac{700}{700 + 300} \times 0.8 \times 730 = 409\,\text{mm}$

式 (6.24) : $N'_b = 0.85f'_{cd}b \cdot a_b + A'_s f'_{yd} - A_s f_{yd}$

$= 0.85 \times 18.5 \times 400 \times 409 + (993 - 2533) \times 300 = 2111 \times 10^3\,\text{N}$

式 (6.25) : $M_b = 0.85f'_{cd}b \cdot a_b\left(d - \dfrac{a_b}{2}\right) + A'_s f'_{yd}(d-d') - N'_b \cdot d_c$

$= 0.85 \times 18.5 \times 400 \times 409 \times \left(730 - \dfrac{409}{2}\right) + 993 \times 300$

$\times (730 - 70) - 2111 \times 10^3 \times 305 = 906 \times 10^6\,\text{N}\cdot\text{mm}$

式 (5.30) : $e_b = \dfrac{M_b}{N'_b} = \dfrac{906,000}{2111} = 429\,\text{mm}$

$e = \dfrac{M_d}{N'_d} = \dfrac{600 \times 10^6}{1200 \times 10^3} = 500\,\text{mm} > e_b = 429\,\text{mm},$

$e' = d - \dfrac{h}{2} + e = 730 - 400 + 500 = 830\,\text{mm}$

式 (6.31) : $\dfrac{a}{d} = 1 - \dfrac{e'}{d} + \sqrt{\left(1 - \dfrac{e'}{d}\right)^2 + 2m\left\{\bar{p}\dfrac{e'}{d} + p'\left(1 - \dfrac{d'}{a}\right)\right\}}$

$= 1 - \dfrac{830}{730}$

$+ \sqrt{\left(1 - \dfrac{830}{730}\right)^2 + 2 \times 19.1 \times \left\{0.0053 \times \dfrac{830}{730} + 0.0034 \times \left(1 - \dfrac{70}{730}\right)\right\}} = 0.469$

$a = 0.469 \times 730 = 342\,\text{mm}$

式 (6.30) : $\sigma'_s = 700\left(1 - 0.8\dfrac{d'}{d} \cdot \dfrac{d}{a}\right) = 700 \times \left(1 - 0.8 \times \dfrac{70}{342}\right)$

$= 585\,\text{N/mm}^2 > f'_{yd} = 300\,\text{N/mm}^2,$ 圧縮鉄筋は降伏.

∴ 式 (6.28) : $N'_u = 0.85f'_{cd}b \cdot a + A'_s f'_{yd} - A_s f_{yd}$

$= 0.85 \times 18.5 \times 400 \times 342 + (993 - 2533) \times 300$

$= 1689 \times 10^3\,\text{N} = 1689\,\text{kN}$

6.4 断面破壊の終局限界状態に対する安全性の検討

式 (6.29)：
$$M_u = 0.85 f'_{cd} b \cdot a \left(d - \frac{a}{2}\right) + A'_s f'_{yd}(d - d') - N'_u \cdot d_c$$
$$= 0.85 \times 18.5 \times 400 \times 342 \times \left(730 - \frac{342}{2}\right) + 993 \times 300 \times (730 - 70)$$
$$- 1689 \times 10^3 \times 305 = 884 \times 10^6 \, \text{N} \cdot \text{mm} = 884 \, \text{MN} \cdot \text{mm}$$

$N'_u = 1689 \, \text{kN}, \quad M_u = 884 \, \text{MN} \cdot \text{mm}.$

❹ 中心軸方向圧縮力を受ける部材（柱）

（1）柱の分類

1）配筋による分類

柱には，軸方向鉄筋を適切な間隔で配置した**帯鉄筋**（lateral tie）または**フープ鉄筋**（hoop，円形または楕円形の帯鉄筋）で取り囲んだ**帯鉄筋柱**（図 6.18 (a)）と，軸方向鉄筋を**らせん鉄筋**で取り囲んだ**らせん鉄筋柱**（図 6.18 (b)）とがある．

2）細長比による分類

細長比 h/r が 35 以下の柱を**短柱**，h/r が 35 以上の柱を**長柱**という．ここで，h：柱の有効長さで，図 6.19 に示すように両端ヒンジの柱の横変形（弓状）に相似な変形の部分の長さ．r：断面の回転半径（$= \sqrt{I/A}$, I：断面二次モーメント，A：断面積）．

短柱では，柱の横方向変位による耐力の減少を無視できるが，長柱では柱の横方向変位 e による付加曲げモーメント $N' \cdot e$ による耐力の減少を考慮する必要がある．ここでは，短柱について述べることとする．

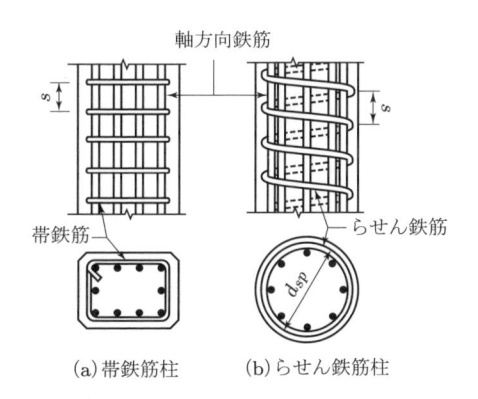

図 **6.18** 柱

図 **6.19**　柱の有効長さ，h

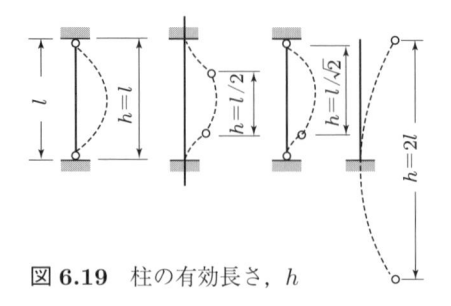

(2) 断面破壊に対する安全性の照査

1) 設計軸方向圧縮力

設計軸方向圧縮力 N'_d は，作用軸力 N' に γ_a と γ_f とを乗じて求める．

$$N'_d = \gamma_a \cdot \gamma_f \cdot N' \tag{6.36}$$

2) 設計軸方向圧縮耐力

設計軸方向圧縮耐力 N'_{oud} は，次式により算定する．

① 帯鉄筋柱：$N'_{oud} = (0.85 f'_{cd} \cdot A_c + f'_{yd} \cdot A_{st})/\gamma_b$ (6.37)

② らせん鉄筋柱：$N'_{oud} = (0.85 f'_{cd} \cdot A_e + f'_{yd} \cdot A_{st} + 2.5 f_{pyd} \cdot A_{spe})/\gamma_b$ (6.38)

ここに，A_c：コンクリートの断面積．A_e：らせん鉄筋で囲まれたコンクリートの断面積．A_{st}：軸方向鉄筋の全断面積．A_{spe}：らせん鉄筋の換算断面積 $(= \pi d_{sp} \cdot A_{sp}/s)$．$d_{sp}$：らせん鉄筋中心線で囲まれた断面の直径．$A_{sp}$：らせん鉄筋の断面積．$s$：らせん鉄筋のピッチ（図 6.18(b) 参照）．f_{pyd}：らせん鉄筋の設計引張降伏強度．γ_b：部材係数 $(= 1.3)$．

らせん鉄筋柱は，軸方向圧縮荷重が増大し，かぶりコンクリートが剥落した状態を想定して，らせん鉄筋で囲まれた断面について耐力を計算するが，コンクリートおよび軸方向鉄筋による抵抗のほかに，らせん鉄筋によるコンクリートの横方向ひずみの拘束によっても耐力が増加することから，式 (6.38) の ( ) 内第 3 項でそれを考慮している．

部材係数 γ_b の値として，はりの曲げ破壊の検討に用いる 1.15 よりも大きな 1.3 を用いるのは，部材軸線の初期曲がりや作用荷重のわずかな偏心による耐力低下を考慮するためである．

3) 安全性の照査

6.4 断面破壊の終局限界状態に対する安全性の検討 　129

破壊に対する安全性の照査は，次式を満足することを確かめることによって行う．

$$\frac{N'_{oud}}{N'_d} \geqq \gamma_i, \quad \text{または，} \quad \frac{N'_{oud}}{\gamma_i \cdot N'_d} \geqq 1.0 \tag{6.39}$$

■ 計算例 6.8

Q. 図 6.20 に示す断面の帯鉄筋短柱に，中心軸方向圧縮荷重 $N' = 6200 \times 10^3$ N が作用するときの，この柱の圧縮破壊に対する安全性を照査せよ．ただし，$f'_{ck} = 24\,\text{N/mm}^2$，$\gamma_a = 1.0$，$\gamma_f = 1.15$，$\gamma_b = 1.3$，$\gamma_i = 1.10$ とする．

A. $N'_d = \gamma_a \cdot \gamma_f \cdot N' = 1.0 \times 1.15 \times 6200 \times 10^3 = 7130 \times 10^3\,\text{N} = 7130\,\text{kN}$

$A_{st} = 12{,}161\,\text{mm}^2, \quad A_c = a \cdot b = 600 \times 800 = 480 \times 10^3\,\text{mm}^2,$

$f'_{cd} = 18.5\,\text{N/mm}^2, \quad f'_{yd} = 300\,\text{N/mm}^2$

$N'_{oud} = (0.85 f'_{cd} \cdot A_c + f'_{yd} \cdot A_{st})/\gamma_b$

$\quad\quad = (0.85 \times 18.5 \times 480 \times 10^3 + 300 \times 12.161 \times 10^3)/1.3$

$\quad\quad = 8612 \times 10^3\,\text{N} = 8612\,\text{kN}$

$\dfrac{N'_{oud}}{N'_d} = \dfrac{8612}{7130} = 1.20 > \gamma_i = 1.10,$　よって，この柱は軸方向圧縮破壊に対して安全である．

■ 計算例 6.9

Q. 図 6.21 に示すらせん鉄筋短柱の，設計軸方向圧縮耐力 N'_{oud} を求めよ．ただし，$f'_{ck} = 24\,\text{N/mm}^2$，$A_{sp}$：D13(SD295)，$\gamma_b = 1.3$ とする．

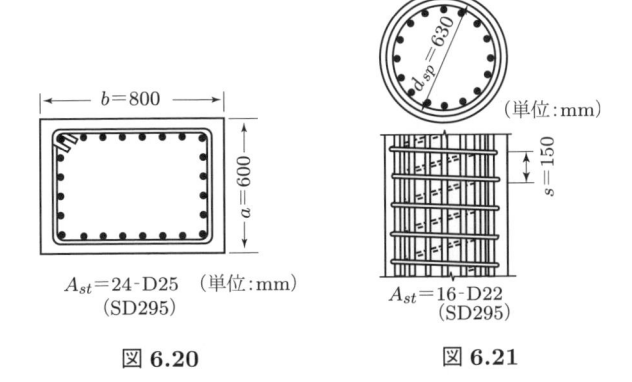

図 6.20　　　図 6.21

A. $A_{st} = 6194\,\text{mm}^2$, $A_e = \dfrac{\pi \cdot d_{sp}^2}{4} = \dfrac{\pi \times 630^2}{4} = 311.7 \times 10^3\,\text{mm}^2$,

$A_{sp} = 126.7\,\text{mm}^2$

$A_{spe} = \dfrac{\pi \cdot d_{sp} \cdot A_{sp}}{s} = \dfrac{\pi \times 630 \times 126.7}{150} = 1672\,\text{mm}^2$, $\quad f'_{cd} = 18.5\,\text{N/mm}^2$,

$f'_{yd} = f_{pyd} = 300\,\text{N/mm}^2$

$\begin{aligned}N'_{oud} &= (0.85 f'_{cd} \cdot A_e + f'_{yd} \cdot A_{st} + 2.5 f_{pyd} \cdot A_{spe})/\gamma_b \\ &= (0.85 \times 18.5 \times 311.7 \times 10^3 + 300 \times 6194 + 2.5 \times 300 \times 1672)/1.3 \\ &= 6164 \times 10^3\,\text{N} = 6164\,\text{kN}\end{aligned}$

[参考：この例の場合，N'_{oud} 式（　）内第 3 項（らせん鉄筋の拘束効果による耐力増）は，全耐力の約 20% に相当する]

5 せん断力を受ける部材

(1) せん断による破壊

はりのせん断破壊の形態を，図 6.22 に示す．

せん断補強鉄筋が配置されていない場合には，同図 (a) に示すように支点付近に生じる斜め引張力（4.6 – ❶ 参照）によって斜めひび割れが生じ，ひび割れの発生とほぼ同時にはりは急激に破壊する．

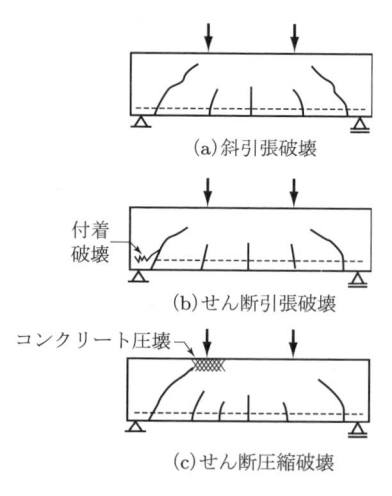

図 **6.22** はりのせん断破壊

せん断補強鉄筋が配置されている場合の代表的なせん断破壊の形態は同図 (b), (c) のようである．曲げひび割れの一つが斜め引張力の影響により斜め方向に伸長し，下方に伸長したひび割れが軸方向鉄筋位置に達すると鉄筋沿いに支点方向に伸長し，鉄筋とコンクリートとの付着が破壊されて，はりの引張側で耐力を失う**せん断引張破壊**，または上方に伸長したひび割れがコンクリートの圧縮域を減少させ，コンクリートの圧壊によって耐力を失う**せん断圧縮破壊**となる．

曲げ引張破壊にくらべて，これらのせん断破壊はぜい性的で急激に生じるので，構造物には十分なせん断補強鉄筋を配置して所要のせん断耐力を確保し，曲げ破壊に先行してせん断破壊が生じないようにしなければならない．

(2) 棒部材のせん断破壊に対する安全性の検討

1) 設計せん断力

設計荷重によるせん断力 V_d は，線形解析により算定する．

部材高さが変化する棒部材の設計せん断力は，式 (4.31) から明らかなように，曲げ圧縮力および曲げ引張力のせん断力方向の成分 $V_h = (M/d) \cdot (\tan \alpha + \tan \beta)$ を考慮して，作用せん断力は $V - V_h$ となる（V_h の符号については，図 4.25 参照）．

したがって，設計せん断力 V_d は，

$$V_d = \gamma_a \cdot \gamma_f \cdot (V - V_h) \tag{6.40}$$

2) 設計せん断耐力

設計せん断耐力 V_{yd} は，次式により算定する．

$$V_{yd} = V_{cd} + V_{sd} \tag{6.41}$$

ここに，V_{cd}：コンクリート部分が負担するせん断耐力．V_{sd}：せん断補強鉄筋が負担するせん断耐力．

（ⅰ）コンクリート部分が負担するせん断耐力

図 6.23 に示すように，斜めひび割れが生じている棒部材でも，次ような諸要因によってある程度のせん断力を負担することができる．

① ひび割れが及んでいない部分のコンクリートのせん断抵抗．
② 骨材のかみ合わせ作用．ひび割れが生じていても，その幅が小さければ粗骨材のかみ合わせによるせん断抵抗力が生じる．この作用は，部材に圧縮軸

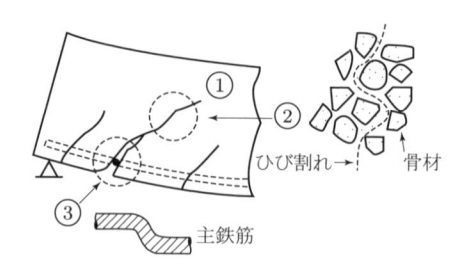

図 6.23 コンクリート部分のせん断耐力

力が作用している場合には増強され，引張軸力が作用している場合には低下または消失する．

③ 軸方向鉄筋のほぞ作用．軸方向鉄筋は本来せん断力に対して配置されているものではないが，部材がせん断破壊しようとするときには，そのせん断抵抗が部材のせん断耐力に寄与する．

これらの諸要因を考慮して，コンクリート部分が負担するせん断耐力 V_{cd} は次式により算出される．

$$V_{cd} = \beta_d \cdot \beta_p \cdot \beta_n \cdot f_{vcd} \cdot b_w \cdot d / \gamma_b \tag{6.42}$$

ここに，f_{vcd}：コンクリートの設計せん断強度．

$$f_{vcd} = 0.20 \sqrt[3]{f'_{cd}}\,(\text{N/mm}^2), \quad ただし，\quad f_{vcd} \leqq 0.72\,\text{N/mm}^2$$

β_d：骨材のかみ合わせ作用を考慮する係数で，部材の有効高さが小さいほど大きな値となる（図 6.24 (a) 参照）．

$$\beta_d = \sqrt[4]{1/d}\quad (d:m), \quad ただし，\quad \beta_d \leqq 1.5$$

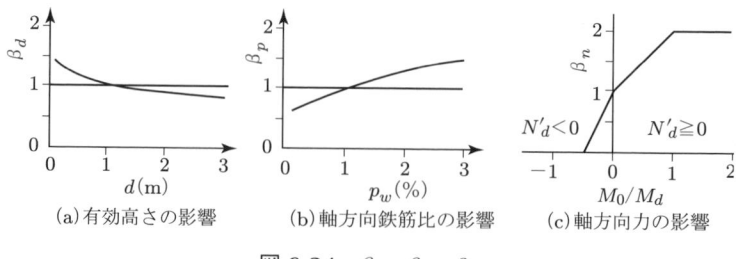

(a) 有効高さの影響　(b) 軸方向鉄筋比の影響　(c) 軸方向力の影響

図 6.24　$\beta_d,\ \beta_p,\ \beta_n$

6.4 断面破壊の終局限界状態に対する安全性の検討

β_p：軸方向鉄筋のほぞ作用を考慮する係数（図 6.24 (b) 参照）．

$$\beta_p = \sqrt[3]{100 p_w}, \quad \text{ただし}, \quad \beta_p \leqq 1.5$$

β_n：軸方向力の影響を考慮する係数で（図 6.24 (c)），軸方向力が作用していないときは $\beta_n = 1.0$ とする．

$$\beta_n = \begin{cases} 1 + (M_o/M_d) \ [N'_d \geqq 0 \text{ の場合．ただし，最大値は } 2.0] \\ 1 + (2M_o/M_d) \ [N'_d < 0 \text{ の場合．ただし，最小値は } 0] \end{cases}$$

N'_d：設計軸方向圧縮力．M_d：設計せん断力算定時の設計曲げモーメント．M_o：軸力による「M_d の引張縁」応力を打ち消すのに必要な曲げモーメント（デコンプレッションモーメント，図 6.25）．b_w：ウェブの幅，d：有効高さ（これらは図 6.26 参照）．$p_w = A_s/(b_w \cdot d)$：引張鉄筋比．A_s：引張側鉄筋の断面積．γ_b：部材係数，一般に 1.3 とする．

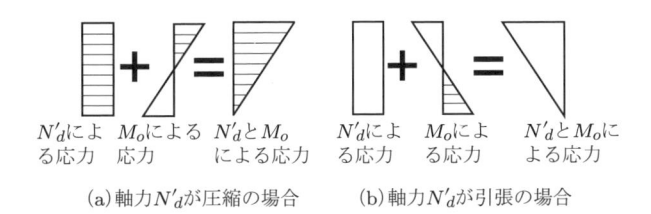

(a) 軸力 N'_d が圧縮の場合 (b) 軸力 N'_d が引張の場合

図 **6.25** デコンプレッションモーメント

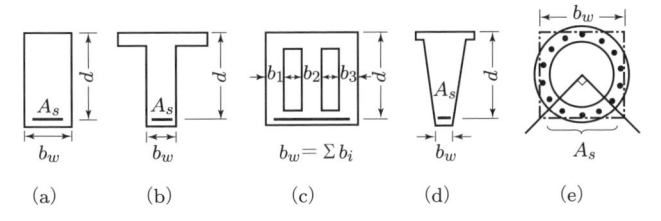

(e)：円形断面と等面積の正方形に置きかえたときの辺長を b_w とする

図 **6.26** 引張鉄筋比 p_w 算定における A_s, b_w, d のとり方

(ii) せん断補強鉄筋が負担するせん断耐力

せん断補強鉄筋が負担するせん断耐力 V_{sd} は，

$$V_{sd} = A_w \cdot f_{wyd}(\sin\theta + \cos\theta) \cdot z/(s \cdot \gamma_b) \tag{6.43}$$

鉛直スターラップの場合 ($\theta = 90°$) は，

$$V_{sd} = A_w \cdot f_{wyd} \cdot z/(s \cdot \gamma_b) \tag{6.44}$$

ここに，f_{wyd}：せん断補強鉄筋の降伏強度で，$400\,\text{N/mm}^2$ 以下とする．γ_b：部材係数，一般に 1.15 とする．

(iii) ウェブコンクリートの圧縮破壊耐力

ウェブの厚さが比較的薄い場合や，せん断補強鉄筋が容易に降伏しないほど多量に配置されている場合には，ウェブの主圧縮応力の方向に作用する斜め圧縮力によってウェブコンクリートの圧壊が先行する可能性があるので，それに対する安全性も照査する必要がある．

斜め圧縮破壊に対する設計せん断耐力 V_{wcd} は，次式により求める．

$$V_{wcd} = f_{wcd} \cdot b_w \cdot d/\gamma_b \tag{6.45}$$

ここに，$f_{wcd} = 1.25\sqrt{f'_{cd}}\,(\text{N/mm}^2)$，ただし，$f_{wcd} \leqq 7.8\,\text{N/mm}^2$：設計斜め圧縮破壊強度．$\gamma_b = 1.3$．

3) 安全性の照査

設計せん断耐力 V_{cd} または V_{yd} と設計せん断力 V_d との関係が次式の条件を満足するとき，その部材はせん断破壊に対して安全であると判定する．

（ⅰ）コンクリート部分のみのせん断耐力を考慮する場合

$$\frac{V_{cd}}{V_d} \geqq \gamma_i, \quad \text{または，} \quad \frac{V_{cd}}{\gamma_i \cdot V_d} \geqq 1.0 \tag{6.46}$$

（ⅱ）せん断補強鉄筋のせん断耐力も考慮する場合

$$\frac{V_{yd}}{V_d} \geqq \gamma_i, \quad \text{または，} \quad \frac{V_{yd}}{\gamma_i \cdot V_d} \geqq 1.0 \tag{6.47}$$

（ⅲ）ウェブコンクリートの圧壊についての照査（図 6.27）

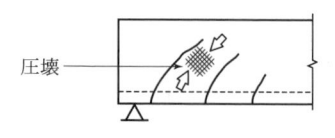

図 **6.27** ウェブの圧壊

6.4 断面破壊の終局限界状態に対する安全性の検討　**135**

せん断補強鉄筋の降伏に先行してウェブコンクリートの圧壊が起こらないこと，すなわち $V_{wcd} \geqq V_{sd}$ となることが確かめられれば，ウェブコンクリートの圧壊に関して安全であるものと判定される．

■ 計算例 **6.10**

Q. 図 6.28 に示す断面の，コンクリート部分が負担する設計せん断耐力 V_{cd} を求めよ．ただし，$f'_{ck} = 24\,\text{N/mm}^2$ とする．

A. $A_s = 1548\,\text{mm}^2$, $p_w = \dfrac{A_s}{bd} = \dfrac{1548}{350 \times 500} = 0.0088$

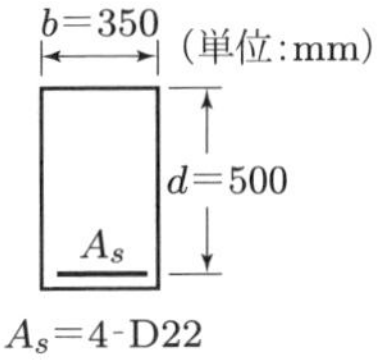

$$f'_{cd} = \dfrac{f'_{ck}}{\gamma_c} = \dfrac{24}{1.3} = 18.5\,\text{N/mm}^2,$$

$$f_{vcd} = 0.20\sqrt[3]{f'_{cd}} = 0.20 \times \sqrt[3]{18.5} = 0.53\,\text{N/mm}^2$$

$$\beta_d = \sqrt[4]{1/d} = \sqrt[4]{1/0.5} = 1.189,$$

$$\beta_p = \sqrt[3]{100 p_w} = \sqrt[3]{100 \times 0.0088} = 0.958,$$

$$\beta_n = 1.0, \quad \gamma_b = 1.3$$

$$V_{cd} = \beta_d \cdot \beta_p \cdot \beta_n \cdot f_{vcd} \cdot b_w \cdot d / \gamma_b$$

$$= 1.189 \times 0.958 \times 1.0 \times 0.53 \times 350 \times 500/1.3 = 81.3 \times 10^3\,\text{N} = 81.3\,\text{kN}$$

図 **6.28**（単位:mm）, $b=350$, $d=500$, A_s=4-D22

■ 計算例 **6.11**

Q. 図 6.29 に示すはりのせん断破壊に対する安全性を照査せよ．ただし，$f'_{ck} = 24\,\text{N/mm}^2$, $\gamma_a = 1.0$, $\gamma_f = 1.15$, $\gamma_i = 1.10$ とする．

A. 1) 設計せん断力，V_d

$$V_{\max} = \dfrac{wl}{2} = \dfrac{50 \times 10 \times 10^3}{2} = 250 \times 10^3\,\text{N}$$

$$V_d = \gamma_a \cdot \gamma_f \cdot V_{\max} = 1.0 \times 1.15 \times 250 \times 10^3 = 288 \times 10^3\,\text{N} = 288\,\text{kN}$$

2) 設計せん断耐力，V_{yd}

$$A_s = 4497\,\text{mm}^2, \quad p_w = \dfrac{A_s}{bd} = \dfrac{4497}{500 \times 700} = 0.0128, \quad f'_{cd} = 18.5\,\text{N/mm}^2$$

$$f_{vcd} = 0.20\sqrt[3]{f'_{cd}} = 0.20 \times \sqrt[3]{18.5} = 0.53\,\text{N/mm}^2$$

$$\beta_d = \sqrt[4]{1/d} = \sqrt[4]{1/0.70} = 1.093,$$

$$\beta_p = \sqrt[3]{100 p_w} = \sqrt[3]{100 \times 0.0128} = 1.086, \quad \beta_n = 1.0$$

$$\therefore V_{cd} = \beta_d \cdot \beta_p \cdot \beta_n \cdot f_{vcd} \cdot b_w \cdot d / \gamma_b$$

$= 1.093 \times 1.086 \times 1.0 \times 0.53 \times 500 \times 700/1.3 = 169 \times 10^3$ N

$A_w = 2\text{-}D13\,(図6.30) = 253\,\mathrm{mm}^2, \quad f_{wyd} = 300\,\mathrm{N/mm}^2$

$j = 0.848, \quad z = j \cdot d = 0.848 \times 700 = 594\,\mathrm{mm}, \quad s = 200\,\mathrm{mm}, \quad \gamma_b = 1.15$

$\therefore V_{sd} = A_w \cdot f_{wyd} \cdot z/(s \cdot \gamma_b) = 253 \times 300 \times 594/(200 \times 1.15) = 196 \times 10^3$ N

$\therefore V_{yd} = V_{cd} + V_{sd} = (169 + 196) \times 10^3 = 365 \times 10^3\,\mathrm{N} = 365\,\mathrm{kN}$

3) 安全性の照査

$\dfrac{V_{yd}}{V_d} = \dfrac{365}{288} = 1.26 > \gamma_i = 1.10$, よって，このはりはせん断破壊に対して安全である．

4) ウェブコンクリートの圧壊の照査

本例はウェブ厚が極めて大きいので圧壊の恐れはないが，計算法を示す意図でこの照査も行ってみる．

$f'_{wcd} = 1.25\sqrt{f'_{cd}} = 1.25 \times \sqrt{18.5} = 5.4\,\mathrm{N/mm}^2, \quad \gamma_b = 1.3$

$\therefore V_{wcd} = f'_{wcd} \cdot b_w \cdot d/\gamma_b = 5.4 \times 500 \times 700/1.3 = 1454 \times 10^3\,\mathrm{N} = 1454\,\mathrm{kN}$

$V_{wcd} = 1454\,\mathrm{kN} > V_{sd} = 196\,\mathrm{kN}$, よって，スターラップ降伏前にウェブコンクリートが圧壊することはない．

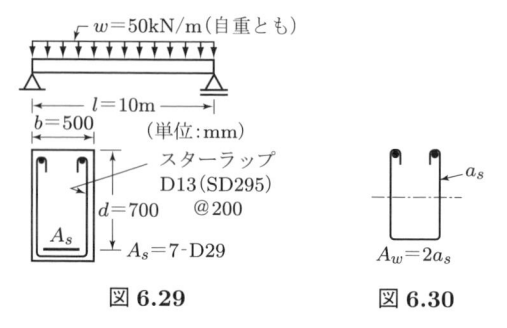

図 6.29　　図 6.30

(3) 面部材の押抜きせん断破壊に対する安全性の照査

スラブやフーチングのような面部材（版状の部材）では，面外からの集中荷重を受けたときに図 4.44 (a) に示すような押抜きせん断破壊が起こる可能性があるので，それに対する安全性の照査を行う．

1) 設計押抜きせん断力

作用荷重を P とすれば，設計押抜きせん断力 V_{pd} は，

$$V_{pd} = \gamma_a \cdot \gamma_f \cdot P \tag{6.48}$$

2) 設計押抜きせん断耐力

設計押抜きせん断耐力 V_{pcd} は，次式により求める．

$$V_{pcd} = \beta_d \cdot \beta_p \cdot \beta_r \cdot f'_{pcd} \cdot u_p \cdot d / \gamma_b \tag{6.49}$$

ここに，$f'_{pcd} = 0.20\sqrt{f'_{cd}}\,(\mathrm{N/mm^2}) \leqq 1.2\,\mathrm{N/mm^2}$：設計押抜きせん断強度．$\beta_d = \sqrt[4]{1/d}\,(d:m)$，ただし，$\beta_d \leqq 1.5$．$\beta_p = \sqrt[3]{100p}$，ただし，$\beta_p \leqq 1.5$．$\beta_r = 1 + \dfrac{1}{1 + 0.25(u/d)}$：コンクリートの押抜きせん断強度に及ぼす載荷面積の影響を，載荷面の周長 u と部材の有効高さ d との比を考慮して補正する係数．u：載荷面の周長．u_p：載荷面から $d/2$ 離れた仮想破壊面の周長（図 6.31）．d, p：有効高さおよび鉄筋比で，二方向の配筋に対する平均値とする．γ_b：部材係数，一般に 1.3 とする．

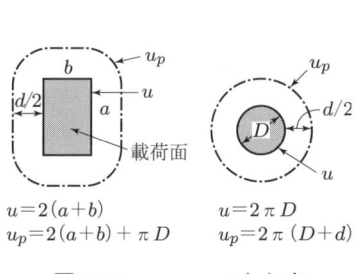

図 6.31　u, u_p のとり方

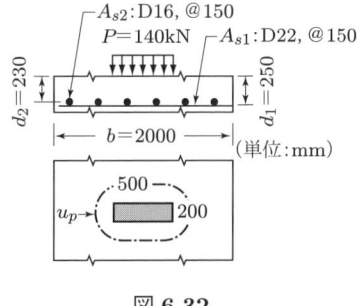

図 6.32

■計算例 6.12

Q. 図 6.32 に示すスラブの押抜きせん断に対する安全性を照査せよ．ただし，$f'_{ck} = 24\,\mathrm{N/mm^2}$，$\gamma_a = 1.0$，$\gamma_f = 1.2$，$\gamma_i = 1.0$ とする．

A. $A_{s1} = \dfrac{2000}{150} \times 387 = 5160\,\mathrm{mm^2}$，　$p_1 = \dfrac{5160}{2000 \times 250} = 0.0103$

$A_{s2} = \dfrac{1000}{150} \times 199 = 1326\,\mathrm{mm^2}$，　$p_2 = \dfrac{1326}{1000 \times 230} = 0.0058$

$p = \dfrac{p_1 + p_2}{2} = 0.0080$

$f'_{cd} = 18.5\,\mathrm{N/mm^2}$，　$f'_{pcd} = 0.20\sqrt{f'_{cd}} = 0.20 \times \sqrt{18.5} = 0.86\,\mathrm{N/mm^2}$

$u = 2 \times (500 + 200) = 1400\,\mathrm{mm}$

$u_p = u + \pi d = 1400 + \pi \times 240^* = 2154\,\mathrm{mm}$　（$* d_1$, d_2 の平均値）

$$\beta_d = \sqrt[4]{1/d} = \sqrt[4]{1/0.24} = 1.429, \quad \beta_p = \sqrt[3]{100p} = \sqrt[3]{100 \times 0.008} = 0.928,$$

$$\beta_r = 1 + \frac{1}{1+0.25(u/d)} = 1 + \frac{1}{1+0.25 \times (1400/240)} = 1.407$$

$$\therefore V_{pcd} = \beta_d \cdot \beta_p \cdot \beta_r \cdot f'_{pcd} \cdot u_p \cdot d/\gamma_b$$

$$= 1.429 \times 0.928 \times 1.407 \times 0.86 \times 2154 \times 240/1.3 = 638 \times 10^3 \, \text{N} = 638 \, \text{kN}$$

$$V_{pd} = \gamma_a \cdot \gamma_f \cdot p = 1.0 \times 1.2 \times 140 = 168 \, \text{kN}$$

$\dfrac{V_{pcd}}{V_{pd}} = \dfrac{638}{168} = 3.6 > \gamma_i = 1.0$，よって，このスラブは押抜きせん断破壊に対して安全である．

6.5　剛体安定の終局限界状態に対する安全性の検討

1　概　　説

擁壁，フーチング，橋台・橋脚など直接地盤上に設置される構造物は，構造各部が作用外力に対して十分な耐力を有するとともに，地盤との相互作用において構造物全体が安定してその位置を保持することが必要である．

接地構造物の剛体安定に対する安全性の検討は，転倒，水平支持（滑動）および鉛直支持（沈下）の各限界状態に対して行えばよい．

2　安全性の検討

(1) 転倒に対する検討

転倒に対する安全性の照査は，次式の条件を満足することを確かめることによって行う．

$$\frac{M_{rd}}{M_{sd}} \geqq \gamma_i, \quad \text{または，} \quad \frac{M_{rd}}{\gamma_i \cdot M_{sd}} \geqq 1.0 \tag{6.50}$$

ここに，$M_{rd} = M_r/\gamma_o$：転倒に対する構造物の底面端部における設計抵抗モーメント．M_r：荷重の公称値を用いて求めた抵抗モーメント．γ_o：転倒に関する安全係数で，荷重の危険側への変動や荷重算定方法，抵抗モーメント算定などにおける不確実性を考慮して定める．$M_{sd} = \gamma_f \cdot M_s$：構造物の底面端部における設計転倒モーメント．$M_s$：荷重の公称値を用いて求めた転倒モーメント．

(2) 水平支持（滑動）に対する検討

次式を満足することを確かめることによって行う．

$$\frac{H_{rd}}{H_{sd}} \geqq \gamma_i, \quad \text{または}, \quad \frac{H_{rd}}{\gamma_i \cdot H_{sd}} \geqq 1.0 \tag{6.51}$$

ここに，$H_{rd} = H_r/\gamma_h$：水平支持に対する設計抵抗力．γ_h：水平支持に関する安全係数で，水平支持力の危険側への変動などを考慮して定める．H_r：構造物底面と地盤との間の摩擦力・粘着力または杭の水平抵抗力，構造物前面の受働土圧に基づく水平支持力．$H_{sd} = \gamma_f \cdot H_s$：設計水平力．$H_s$：荷重の公称値による水平力．

(3) 鉛直支持（沈下）に対する検討

次式を満足することを確かめることによって行う．

$$\frac{V_{rd}}{V_{sd}} \geqq \gamma_i, \quad \text{または}, \quad \frac{V_{rd}}{\gamma_i \cdot V_{sd}} \geqq 1.0 \tag{6.52}$$

ここに，$V_{rd} = V_r/\gamma_v$：地盤または杭の設計鉛直支持力．V_r：地盤または杭の鉛直支持力．γ_v：鉛直支持に関する安全係数で，鉛直支持力の危険側への変動などを考慮して定める．$V_{sd} = \gamma_f \cdot V_s$：地盤または杭の設計反力．$V_s$：荷重の公称値による反力．

式(6.50)～式(6.52)中に用いられている$\gamma_o, \gamma_h, \gamma_v$は，剛体安定の検討においてのみ用いられる安全係数であるが，これらの標準値または目安などは学会示方書には示されていない．

6.6 使用限界状態に対する検討

1 概　説

構造物は，たとえその耐力や剛体安定に問題がなくても，耐久性を保持するのに支障をきたすようなひび割れが生じていたり，使用性を損なうような大きな変位・変形あるいは利用者に不安感・不快感を与えるような振動を生じたりする状態になると，構造物はそれ以上使用することができなくなる．

このように，使用上の不都合が容認できる限界に達した状態が使用限界状態で，表6.4に示すようなさまざまな限界状態があるが，一般の構造物ではひび割れに対する安全性を検討すればよい場合が多く，必要に応じて変形や振動に

対する検討を行えばよい．

なお，使用限界状態の検討においては，すべての安全係数に 1.0 を用いる．

以下に，使用限界状態の検討においてしばしば必要となる応力度の算定，ひび割れに対する検討および変位・変形に対する検討について述べる．

❷ 応力度の算定

（1）応力度算定の必要性

6.2 節に述べたように，プレストレストコンクリート構造物の設計においては断面の応力度が所要の条件を満足しているか否かを照査するために応力度の計算が不可欠である．また ❸ に述べるひび割れの検討においてひび割れ幅を計算する際に，所定の荷重のもとでの鉄筋応力度を求める必要がある．

（2）応力度算定上の仮定

部材断面に生じる応力度の算定は，次の仮定のもとに行う．

1. 繊ひずみは，断面の中立軸からの距離に比例する．
2. コンクリートの引張応力は，無視する．
3. コンクリートおよび鉄筋はいずれも弾性体とし，それぞれの応力−ひずみ関係は図 6.5 (b) および図 6.6 (b) を用いる．
4. コンクリートのヤング係数は表 5.1 の値，鉄筋のヤング係数は $200\,\mathrm{kN/mm^2}$ とする．

これらの仮定のうち 1.～3. は，4.4−❶ に示した許容応力度設計法における曲げ応力度計算上の仮定と同じであり，4. のみが許容応力度設計法の場合と異なる点である．すなわち，許容応力度設計法では $E_c \fallingdotseq 13.3\,\mathrm{kN/mm^2}(n = E_s/E_c = 15)$ の一定値をとるのに対し，限界状態設計法ではコンクリートの強度に応じて実情に即した E_c の値を用いるため，ヤング係数比 n の値は一定ではなく，コンクリートの強度に応じて変わることに注意する必要がある．

（3）応力度の算定

応力度の算定には，4.4−❸ ～ ❻ に示した諸式をそのまま用いればよい．計算に当たっては，$n = 15$（一定）ではないことに注意しなければならない．

■ 計算例 6.13

Q．図 6.33 に示すスラブが $M = 40\,\mathrm{MN\cdot mm}$ の曲げモーメントを受けるときの，コンクリートと鉄筋の応力度を求めよ．ただし，$f'_{ck} = 24\,\mathrm{N/mm^2}$ とする．

A. $A_s = 1986\,\mathrm{mm}^2$, $p = \dfrac{A_s}{bd} = \dfrac{1986}{1000 \times 200} = 0.0099$, $f'_{cd} = \dfrac{24}{1.0} = 24\,\mathrm{N/mm}^2$

$E_c = 25\,\mathrm{kN/mm}^2$, $\quad n = \dfrac{E_s}{E_c} = \dfrac{200}{25} = 8.0$, $\quad np = 0.079$

$k = \sqrt{2np + (np)^2} - np = 0.326$, $\quad j = 1 - \dfrac{k}{3} = 0.891$

$\sigma'_c = \dfrac{2M}{kjbd^2} = \dfrac{2 \times 40{,}000{,}000}{0.326 \times 0.891 \times 1000 \times 200^2} = 6.9\,\mathrm{N/mm}^2$

$\sigma_s = \dfrac{M}{A_s jd} = \dfrac{40{,}000{,}000}{1986 \times 0.891 \times 200} = 113\,\mathrm{N/mm}^2$

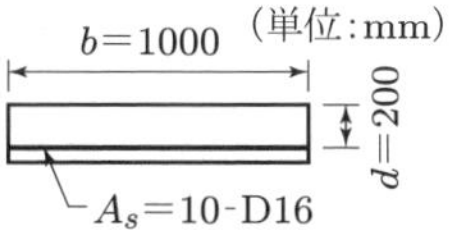

図 **6.33**

③ ひび割れの検討

(1) 曲げひび割れ幅の検討

1) 安全性の照査

ひび割れ幅に関して次式の条件を満足するとき，ひび割れ幅に関して安全であるものと判定する．

$$w_a/w \geqq 1.0, \quad \text{または}, \quad w \leqq w_a \tag{6.53}$$

ここに，w_a：許容ひび割れ幅．w：設計荷重作用下で部材に生じるひび割れの幅．

2) 許容ひび割れ幅

一般の構造物では，耐久性保持の必要から**ひび割れ幅**を制限する場合が多い．すなわち，ひび割れ幅が過大になると，美観を害するだけでなく，鉄筋が腐食して耐久性が損なわれるのでひび割れ幅を制限する必要があるが，その大きさは環境条件やコンクリートのかぶり厚さなどによって変わる．

学会示方書では，耐久性保持の面から，表 6.7 のように区分された環境条件に対し，表 6.8 に示すような**許容ひび割れ幅**を示している．表 6.8 に従い，さまざまなかぶり厚の場合の許容ひび割れ幅を示すと，表 6.9 のようである．

水密性が重要な構造物については，所要の水密性を確保しうるように許容ひび割れ幅 ($0.1 \sim 0.2\,\mathrm{mm}$) を設定する．また，美観が重要な構造物については，

表 6.7 鋼材の腐食に対する環境条件の区分

A．一般の環境	塩化物イオンが飛来しない通常の屋外，土中の場合など
B．腐食性環境	1. 一般の環境に比較し，乾湿の繰返しが多い場合および特に有害な物質を含む地下水位以下の土中の場合など，鋼材の腐食に有害な影響を与える場合など 2. 海洋コンクリート構造物で，海水中や特に厳しくない海洋環境にある場合など
C．特に厳しい腐食性環境	1. 鋼材の腐食に著しく有害な影響を与える場合など 2. 海洋コンクリート構造物で干満帯や飛沫帯にある場合および激しい潮風を受ける場合など

表 6.8 許容ひび割れ幅，w_a (mm)

鋼材の種類	環境条件の区分		
	A	B	C
異形鉄筋，丸鋼	0.005c	0.004c	0.0035c
PC鋼材	0.004c	—	—

c：かぶり (mm)

表 6.9 w_a の値 (mm)

環境区分 \ かぶり (mm)	20	40	60	80	100
A	0.1	0.2	0.3	0.4	0.5
B	0.08	0.16	0.24	0.32	0.4
C	0.07	0.14	0.21	0.28	0.35

美観上容認しうる許容ひび割れ幅を設定する．

3）曲げひび割れ幅

曲げ部材では，引張鉄筋の応力度が増加すると引張部コンクリートにひび割れが生じるが，その幅はコンクリートの引張強度，コンクリートの有効断面積 ($b_w \times d$)，かぶり厚さ，鉄筋の種類および直径，鉄筋間隔，鉄筋比，鉄筋応力度などによって変わる．

学会示方書では，曲げひび割れ幅算定のための次式を示している．

$$w = 1.1 k_1 \cdot k_2 \cdot k_3 \{4c + 0.7(c_s - \phi)\} \left(\frac{\sigma_{se}}{E_s} + \varepsilon'_{csd} \right) \quad (6.54)$$

ここに，k_1：鋼材の表面形状に関する係数で，異形鉄筋の場合には 1.0，丸鋼の場合には 1.3 としてよい．$k_2 = \dfrac{15}{f'_{cd} + 20} + 0.7$：コンクリートの品質がひび割れ幅に及ぼす影響を表す係数．$k_3 = \dfrac{5(n+2)}{7n+8}$：引張鋼材の段数の影響を表す係数．$n$：引張鋼材の段数．$c$：かぶり (mm)．$c_s$：鋼材の中心間隔 (mm)．$\phi$：

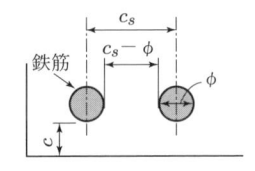

図 6.34

鋼材径 (mm)（図 6.34）．ε'_{csd}：コンクリートの収縮およびクリープなどによるひび割れ幅の増加を考慮するための数値．σ_{se}：鋼材位置のコンクリートの応力度が 0 の状態からの鉄筋応力度の増加量 (N/mm^2)

なお，曲げひび割れの検討で対象とする鉄筋は，原則としてコンクリート表面に最も近い位置にある引張鉄筋とし，応力度は 6.6−❷に述べた方法で求めるものとする．

すべての場合について w を計算するのは煩雑であるので，次のような場合にはひび割れ幅の検討を省略してよいこととされている．

（ⅰ）曲げモーメントおよび軸方向力によるコンクリートの引張応力度が，コンクリートの曲げひび割れ強度 f_{bck} よりも小さい場合．

（ⅱ）永久荷重による鉄筋応力度の増加量 σ_{se} の値が，異形鉄筋で $120\,N/mm^2$，丸鋼で $100\,N/mm^2$ を超えない場合．ただし，永久荷重に比べて相対的に変動荷重の影響が大きい場合には，ひび割れ幅の検討を行う必要がある．

（2）せん断ひび割れの検討

せん断力を受ける部材で，設計せん断力 V_d がコンクリート部分のせん断耐力 V_{cd} の 70%よりも小さい場合は，せん断ひび割れの検討は行わなくてもよい．ただし，この場合 $\gamma_b = \gamma_c = 1.0$ とする．

また永久荷重作用時のせん断補強鉄筋の応力度が，異形鉄筋の場合 $120\,N/mm^2$，丸鋼の場合 $100\,N/mm^2$ よりも小さいことが確かめられた場合は，詳細な検討は行わなくてもよい．この場合，永久荷重によるスターラップの応力度 σ_{wpd} は次式により求めるものとする．

$$\sigma_{wpd} = \frac{(V_{pd} + V_{rd} - k_2 V_{cd})s}{A_w \cdot z(\sin\alpha_s + \cos\alpha_s)} \cdot \frac{V_{pd} + V_{cd}}{V_{pd} + V_{rd} + V_{cd}} \quad (6.55)$$

ここに，V_{pd}：永久荷重作用時の設計せん断力．V_{rd}：設計変動せん断力．V_{cd}：コンクリート部分のせん断耐力（$\gamma_b = \gamma_c = 1.0$ とする）．A_w：1 組のせん断補強鉄筋の断面積．s：せん断補強鉄筋の間隔．z：圧縮合力作用点から引張鉄筋

図心までの距離で，一般に $z = d/1.15$ としてよい．α_s：せん断補強鉄筋が部材軸となす角度．k_2：変動荷重の頻度の影響を考慮する係数で，一般に $0.5 \sim 1.0$ とする（疲労が問題とならない場合は，$k_2 = 1.0$ としてよい）．

鉛直スターラップと折曲鉄筋とを併用する場合には，次式によりそれぞれの応力度を求める．

鉛直スターラップ：
$$\sigma_{wpd} = \frac{V_{pd} + V_{rd} - k_2 V_{cd}}{\dfrac{A_w z}{s} + \dfrac{A_b z (\cos\alpha_b + \sin\alpha_b)^3}{s_b}} \cdot \frac{V_{pd} + V_{cd}}{V_{pd} + V_{rd} + V_{cd}}$$
(6.56)

折曲鉄筋：

$$\sigma_{bpd} = \frac{V_{pd} + V_{rd} - k_2 V_{cd}}{\dfrac{A_w \cdot z}{s_s (\cos\alpha_b + \sin\alpha_b)} + \dfrac{A_b z (\cos\alpha_b + \sin\alpha_b)}{s_b}} \cdot \frac{V_{pd} + V_{cd}}{V_{pd} + V_{rd} + V_{cd}}$$
(6.57)

ここに，A_w：1組の鉛直スターラップの断面積．A_b：折曲鉄筋の断面積．s：鉛直スターラップの間隔．s_b：折曲鉄筋の間隔．α_b：折曲鉄筋が部材軸となす角度．k_2：式 (6.55) の k_2 と同じ．

(3) 構造細目

1. 部材には，荷重によるひび割れを制御するのに必要な鉄筋のほかに，温度変化，収縮などによるひび割れを制御するための用心鉄筋を，部材の表面部，打継部などに配置する．
2. 鉄筋比が一定の場合，鉄筋径または鉄筋間隔が小さいほどひび割れ幅は小さくなるので，用心鉄筋は細い鉄筋を小さい間隔で配置するのがよい．
3. 軸方向鉄筋とそれに直交する横方向鉄筋の配置間隔は，原則として 300 mm 以下とする．

■計算例 6.14

Q. 図 6.35 に示す断面のスラブに，$M_p = 10\,\text{MN·mm}$ の死荷重曲げモーメントと $M_r = 30\,\text{MN·mm}$ の活荷重曲げモーメントが作用する場合の曲げひび割れ幅の安全性を検討せよ．ただし，$f'_{ck} = 24\,\text{N/mm}^2$，環境区分は一般の環境とする．また，$\sigma_{se}$ は $M_p + M_r$ 作用下における応力度とする．

A. $f'_{cd} = 24\,\text{N/mm}^2,\ E_c = 25\,\text{kN/mm}^2,\ n = \dfrac{200}{25} = 8.0$

$$c = h - d - \frac{\phi}{2} = 220 - 170 - \frac{19}{2} = 41\,\text{mm}\ (図 6.36\ 参照)$$

$$A_s = \frac{1000}{150} \times 286.5 = 1910\,\text{mm}^2, \quad p = \frac{A_s}{bd} = \frac{1910}{1000 \times 170} = 0.0112, \quad np = 0.090$$

$$k = \sqrt{2np + (np)^2} - np = 0.344, \quad j = 1 - \frac{k}{3} = 0.885$$

$$\sigma_{se} = \frac{M_{p+r}}{A_s j d} = \frac{40{,}000{,}000}{1910 \times 0.885 \times 170} = 139\,\text{N/mm}^2$$

$$k_1 = 1.0, \quad k_2 = \frac{15}{f'_{cd} + 20} + 0.7 = \frac{15}{24 + 20} + 0.7 = 1.04,$$

$$k_3 = \frac{5(n+2)}{7n+8} = \frac{5 \times (1+2)}{7+8} = 1.0$$

$\varepsilon'_{csd} = 150 \times 10^6$ とすると,

$$w = 1.1 k_1 \cdot k_2 \cdot k_3 \{4c + 0.7(c_s - \phi)\} \left(\frac{\sigma_{se}}{E_s} + \varepsilon'_{csd} \right)$$

$$= 1.1 \times 1.0 \times 1.04 \times 1.0 \times \{4 \times 41 + 0.7 \times (150 - 19)\} \times \left(\frac{139}{200{,}000} + 0.00015 \right)$$

$$= 0.25\,\text{mm}$$

$$w_a = 0.005c = 0.005 \times 41 = 0.20\,\text{mm}$$

$w = 0.25\,\text{mm} > w_a = 0.20\,\text{mm}$ であるので，このスラブは曲げひび割れ幅に関して安全ではない．

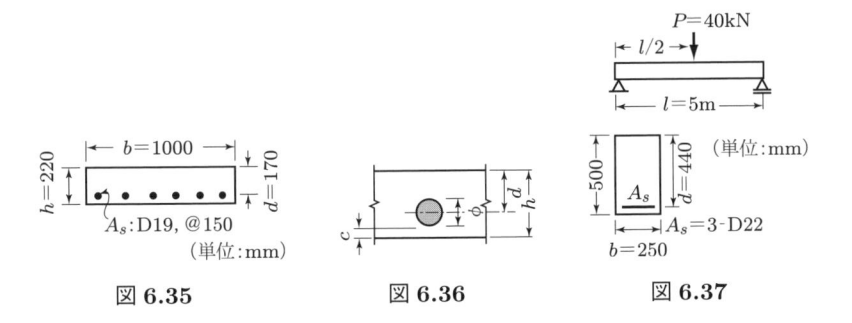

図 6.35

図 6.36

図 6.37

■計算例 6.15

Q. 図 6.37 に示すはりについて，せん断ひび割れに対する検討の要否を判定せよ．ただし，$f'_{ck} = 27\,\text{N/mm}^2$，はりの単位重量は $24.5\,\text{kN/m}^3$ とする．

A. 自重：$w = 0.0000245 \times 250 \times 500 = 3.06\,\text{N/mm}$

$$V_{\max} = \frac{P}{2} + \frac{wl}{2} = \frac{40000}{2} + \frac{3.06 \times 5000}{2} = 27.6 \times 10^3 \,\text{N}$$

$$V_d = \gamma_a \cdot \gamma_f \cdot V_{\max} = 1.0 \times 1.0 \times 27.6 \times 10^3 = 27.6 \times 10^3 \,\text{N} = 27.6 \,\text{kN}$$

$$f'_{cd} = \frac{27}{1.0} = 27\,\text{N/mm}^2, \quad A_s = 1161\,\text{mm}^2,$$

$$p_w = \frac{A_s}{bd} = \frac{1161}{250 \times 440} = 0.0106$$

$$f_{vcd} = 0.2\sqrt[3]{f'_{cd}} = 0.2 \times \sqrt[3]{27} = 0.60\,\text{N/mm}^2$$

$$\beta_d = \sqrt[4]{1/d} = \sqrt[4]{1/0.44} = 1.228, \quad \beta_p = \sqrt[3]{100 p_w} = \sqrt[3]{1.06} = 1.020, \quad \beta_n = 1.0$$

$$V_{cd} = \beta_d \cdot \beta_p \cdot \beta_n \cdot f_{vcd} \cdot b_w \cdot d / \gamma_b$$

$$\phantom{V_{cd}} = 1.228 \times 1.020 \times 1.0 \times 0.60 \times 250 \times 440 / 1.0 = 82.7 \times 10^3 \,\text{N} = 82.7\,\text{kN}$$

$$0.7 V_{cd} = 0.7 \times 82.7 = 57.9\,\text{kN}$$

$V_d = 27.6\,\text{kN} < 0.7 V_{cd} = 57.9\,\text{kN}$ であるので，このはりはせん断ひび割れの検討を行わなくてよい．

❹ 変位・変形に対する検討

（1）概　　説

変位・変形は，例えば橋梁における車両走行の安全性・快適性などの機能と使用性の保持，過大な変位・変形による損傷の防止あるいは美観などに関係していることから，変位・変形がこれらに支障を及ぼす恐れがあるときは，変位・変形に対する検討が必要になる．

荷重作用時に瞬時に生じる短期の変位・変形と，これにコンクリートのクリープや収縮に基づく変位・変形が付加された長期の変位・変形の大きさは，それぞれの許容値以下であることを確かめなければならない．

（2）変位・変形量の検討

1）安全性の照査

変位・変形に関して次式の条件を満足するとき，変位・変形に関して安全であるものと判定する．

$$\delta_a / \delta \geqq 1.0, \quad \text{または}, \quad \delta \leqq \delta_a \tag{6.58}$$

ここに，δ_a：許容変位・変形量．δ：設計荷重作用下で生じる変位・変形量．

2) 許容変位・変形量

構造物または部材の許容変位・許容変形量は，構造物または部材の種類，使用目的，荷重の種類などに応じて定める必要があるが，実務基準に規定がある場合にはそれを用いればよい．

一例として，鉄道橋における列車荷重に対する主ばりのたわみの許容値を示すと，表 6.10 [注] のようである．

表6.10 列車荷重に対する主ばりのたわみの許容量, δ_a

在来線	スパン, l(m)	$0<l<50$		$l\geqq 50$	
	δ_a	$l/800$		$l/700$	
新幹線	スパン, l(m)	$0<l\leqq 40$	$40<l\leqq 50$	$580<l<100$	$l\geqq 100$
	2連以上連続する場合	$l/1800$	$l/2000$	$l/2500$	$l/2000$
	1連のみの場合	$l/1600$			

3) 変位・変形量

(i) ひび割れが発生していないコンクリート部材の短期の変位・変形量は，全断面を有効とし，弾性理論を用いて計算してよい．

(ii) 曲げひび割れが発生しているコンクリート部材の短期の曲げ変位・変形量は，ひび割れによる剛性低下を考慮して求める．

(iii) 長期の変位・変形量は，永久荷重によるコンクリートのクリープ，収縮およびひび割れの影響を考慮して求める．

(ii) について，学会示方書の「変位・変形量の検討」に関する規定の解説には，かなり煩雑ではあるが具体的な計算式が示されている．ここでは，旧・学会示方書の解説に示されていて，実測値との適合性もよいとされていた簡略計算法をあえて示しておくこととする．これは，曲げひび割れの発生による剛性低下を部材軸線方向に均等化した，次式の換算断面二次モーメント I_e を用いるものである．

$$I_e = \left[\left(\frac{M_{crd}}{M_{d,\max}}\right)^3 \cdot I_g + \left\{1-\left(\frac{M_{crd}}{M_{d,\max}}\right)^3\right\} \cdot I_{cr}\right] \leqq I_g \quad (6.59)$$

ここに，M_{crd}：断面に曲げひび割れが発生する限界の，すなわちコンクリート引張縁の曲げ応力度が曲げひび割れ強度 f_{bck} となる曲げモーメント．$M_{d,\max}$：

注) 石橋忠良, 他：新示方書によるコンクリート構造物の設計例シリーズ, 第 1 巻・コンクリート橋の設計, 技報堂出版, 1987 年 1 月, p.9

変位・変形量計算時の設計曲げモーメントの最大値．I_g：全断面を有効としたときの断面二次モーメント．I_{cr}：引張部コンクリート断面を無視した断面の断面二次モーメント．

(iii) について，断面にひび割れが生じていない場合は，近似的な長期の変位・変形量 δ_l を次式から求めることができる．

$$\delta_l = (1+\varphi) \cdot \delta_{ep}$$

ここに，δ_{ep}：永久荷重による短期の変形量．φ：クリープ係数．

演習問題

1. 図 6.38 に示す断面の設計曲げ耐力を求めよ．ただし，$f'_{ck} = 27\,\mathrm{N/mm^2}$, $\gamma_b = 1.15$ とする．
2. 図 6.39 に示すスラブの，幅 1 m あたりの設計曲げ耐力を求めよ．ただし，$f'_{ck} = 24\,\mathrm{N/mm^2}$, $\gamma_b = 1.15$ とする．

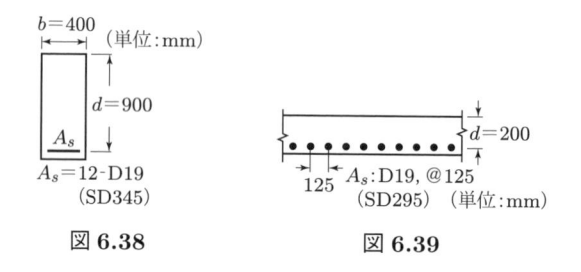

図 6.38

図 6.39

3. 図 6.40 に示すはりの曲げ破壊に対する安全性を照査せよ．ただし，$f'_{ck} = 27\,\mathrm{N/mm^2}$, $\gamma_a = 1.0$, $\gamma_f = 1.10$, $\gamma_b = 1.15$, $\gamma_i = 1.10$ とする．
4. 図 6.41 に示す断面の設計曲げ耐力を求めよ．ただし，$f'_{ck} = 30\,\mathrm{N/mm^2}$, $\gamma_b = 1.15$ とする．
5. 図 6.42 に示す断面の設計曲げ耐力を求めよ．ただし，$f'_{ck} = 30\,\mathrm{N/mm^2}$, $\gamma_b = 1.15$ とする．
6. 図 6.43 に示すはりが，図 6.42 のような断面を有するときの，このはりの曲げ破壊に対する安全性を照査せよ．ただし，$\gamma_a = 1.0$, $\gamma_f = 1.15$, $\gamma_b = 1.15$, $\gamma_i = 1.0$ とする．

図 6.40

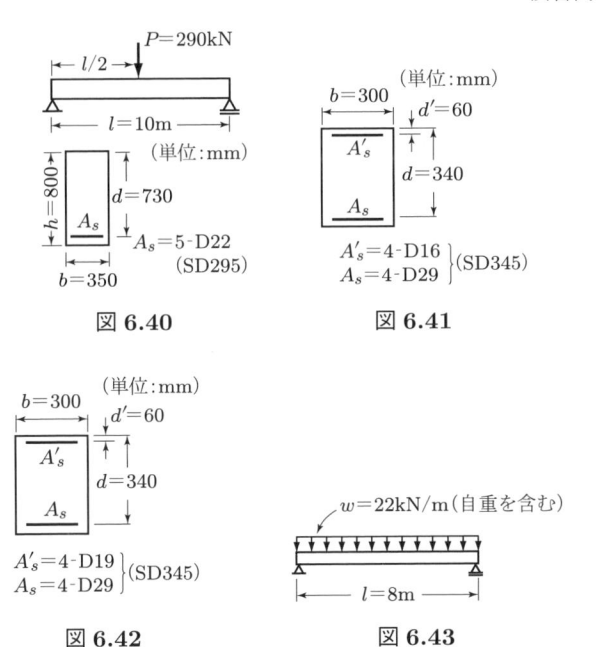

図 6.41

図 6.42

図 6.43

7. 図 6.44 に示す断面の設計曲げ耐力を求めよ．ただし，$f'_{ck} = 27\,\text{N/mm}^2$ とする．
8. 図 6.45 (a) に示す断面の設計曲げ耐力を求めよ．ただし，$f'_{ck} = 24\,\text{N/mm}^2$ とする．
9. 図 6.46 に示す断面に，設計曲げモーメント $M_d = 300\,\text{MN}\cdot\text{mm}$，設計軸力 $N'_d = 600\,\text{kN}$ が作用している．この部材の軸方向圧縮耐力および曲げ耐力を求めよ．ただし，$f'_{ck} = 24\,\text{N/mm}^2$ とする．
10. 図 6.47 に示す断面の帯鉄筋短柱に，中心軸方向荷重 $N' = 4.62\,\text{MN}$ が作用している．この柱の軸方向圧縮破壊に対する安全性を照査せよ．ただし，$f'_{ck} = 27\,\text{N/mm}^2$，$\gamma_a = 1.0$，$\gamma_f = 1.2$，$\gamma_b = 1.3$，$\gamma_i = 1.0$ とする．
11. 図 6.48 に示す断面の，コンクリート部分のせん断耐力を求めよ．ただし，$f'_{ck} = 27\,\text{N/mm}^2$ とする．
12. 図 6.48 に示す断面に設計軸方向圧縮力 $N'_d = 960\,\text{kN}$，設計曲げモーメント $M_d = 180\,\text{MN}\cdot\text{mm}$ が作用しているときの，コンクリート部分のせん断耐力を求めよ．$f'_{ck} = 27\,\text{N/mm}^2$ とする．
13. 図 6.49 に示すはりのせん断破壊に対する安全性を照査せよ．ただし，$f'_{ck} = 24\,\text{N/mm}^2$，$\gamma_a = 1.0$，$\gamma_f = 1.10$，$\gamma_i = 1.2$ とし，γ_b の値は V_{cd} の算定では 1.3，V_{sd} の算定では 1.15 とする．また，自重の計算に用いる単位重量は $24.5\,\text{kN/mm}^3$ とする．
14. 図 6.50 に示すフーチングの押抜きせん断破壊に対する安全性を照査せよ．ただし，$f'_{ck} = 21\,\text{N/mm}^2$，$\gamma_a = 1.0$，$\gamma_f = 1.15$，$\gamma_i = 1.20$ とする．

第6章 限界状態設計法

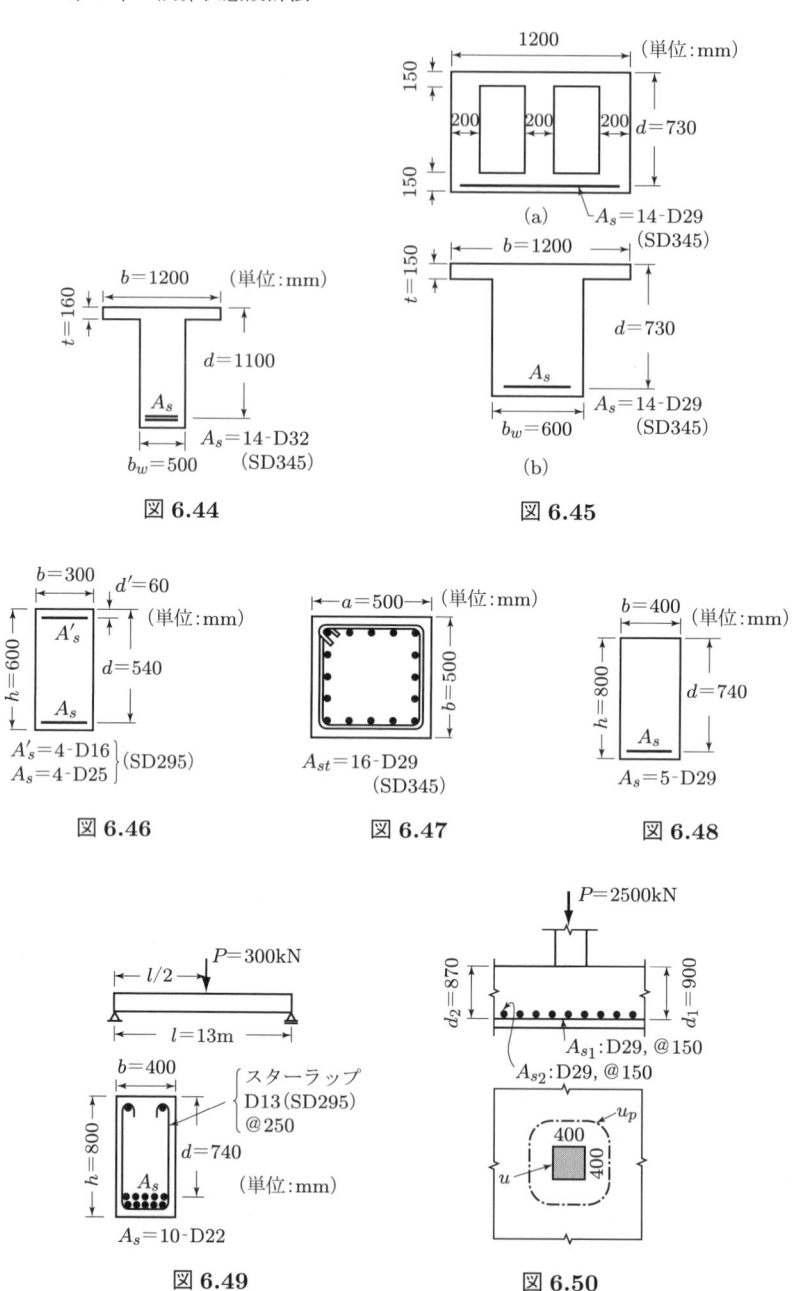

図 6.44 $b=1200$, $t=160$, $d=1100$, $b_w=500$, $A_s=14\text{-}D32$ (SD345) (単位:mm)

図 6.45
(a) 1200, 150, 200, 200, 200, $d=730$, 150, $A_s=14\text{-}D29$ (SD345)
(b) $b=1200$, $t=150$, $d=730$, $b_w=600$, $A_s=14\text{-}D29$ (SD345)

図 6.46 $b=300$, $d'=60$, $h=600$, $d=540$, $A'_s=4\text{-}D16$, $A_s=4\text{-}D25$ (SD295) (単位:mm)

図 6.47 $a=500$, $b=500$, $A_{st}=16\text{-}D29$ (SD345) (単位:mm)

図 6.48 $b=400$, $h=800$, $d=740$, $A_s=5\text{-}D29$ (単位:mm)

図 6.49 $P=300\text{kN}$, $l/2$, $l=13\text{m}$, $b=400$, $h=800$, $d=740$, スターラップ D13(SD295)@250, $A_s=10\text{-}D22$ (単位:mm)

図 6.50 $P=2500\text{kN}$, $d_2=870$, $d_1=900$, A_{s1}:D29,@150, A_{s2}:D29,@150, 400×400, u, u_p

15. 図 6.51 に示す断面が $M = 110\,\mathrm{MN \cdot mm}$ の曲げモーメントを受けるときの応力度を求めよ．ただし，$f'_{ck} = 27\,\mathrm{N/mm^2}$ とする．

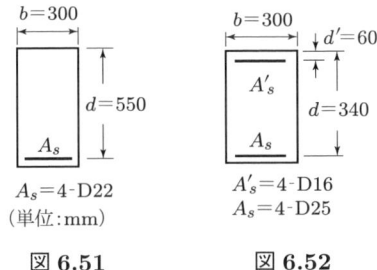

図 6.51
$b=300$, $d=550$, A_s=4-D22
(単位：mm)

図 6.52
$b=300$, $d'=60$, $d=340$, A'_s=4-D16, A_s=4-D25

16. 図 6.52 に示す断面が $M = 65\,\mathrm{MN \cdot mm}$ の曲げモーメントを受けるときの応力度を求めよ．ただし，$f'_{ck} = 30\,\mathrm{N/mm^2}$ とする．
17. 図 6.53 に示す断面を有するはりに，死荷重曲げモーメント $M_p = 60\,\mathrm{MN \cdot mm}$，活荷重曲げモーメント $M_r = 90\,\mathrm{MN \cdot mm}$ が作用する場合の，曲げひび割れ幅の安全性を照査せよ．$f'_{ck} = 24\,\mathrm{N/mm^2}$，環境区分は腐食性環境とする．また，$\sigma_{se}$ は $M_p + \dfrac{1}{2}M_r$ による応力度とする．
18. 図 6.54 に示す断面に $V_d = 80\,\mathrm{kN}$ の設計せん断力が作用するとき，このはりのせん断ひび割れの検討の要否を判定せよ．ただし，$f'_{ck} = 30\,\mathrm{N/mm^2}$ とする．

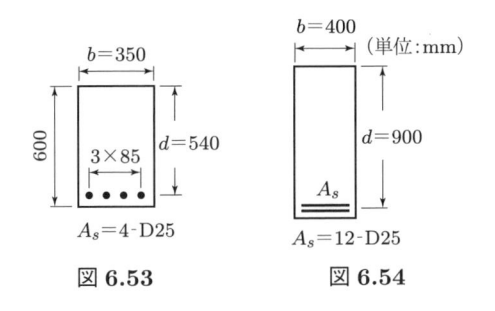

図 6.53
$b=350$, $d=540$, 600, 3×85, A_s=4-D25

図 6.54
$b=400$ (単位：mm), $d=900$, A_s=12-D25

第7章 耐震に関する検討

7.1 土木学会示方書・耐震設計編による検討

1 耐震設計の原則

(1) 耐震設計の目標

耐震設計は，

1. 地震時における構造物の安全を確保し，人命の損失を招くような破滅的な損傷の発生を防ぐこと，
2. 地震後に，地域住民の生活や生産活動に支障を及ぼすような構造物の機能の低下をできるだけ抑制すること，

を目標として行う．

(2) 耐震設計の原則

レベル1およびレベル2の2水準の**設計地震動**と，それらに対応する3水準の**耐震性能**を，表7.1に示すように設定する．

「耐震性能1」は，地震時に鉄筋が降伏せず，コンクリートの圧縮破壊も起こらず，地震後の構造物の**残留変形**が十分小さい範囲にとどまっているときは，この状態を満足すると考えてよい．

「耐震性能2」は，地震後に耐力の低下がなく，残留変形が許容限度以内にあれば，この状態を満足すると考えてよい．一般には，地震によってせん断破壊が起こらず，部材の**応答塑性率**がじん性率を超えていなければ（図7.1），この性能を満足すると考えてよい．

7.1 土木学会示方書・耐震設計編による検討　153

表 7.1　設計地震動と耐震性能

設計地震動の区分	地震の規模	満足すべき耐震性能		
		1	2	3
レベル1	・供用期間内に数回発生する大きさ ・再現期間50年程度	地震時に機能を保持し,地震後も機能は健全で,補修しなくても使用できる.	――	――
レベル2	・再現期間1000年程度 ・直下型またはプレート境界地震のうち大きい方	――	地震後に機能が短時間で回復でき,補強しなくても使用できる.	地震によって構造物全体系が崩壊しない.

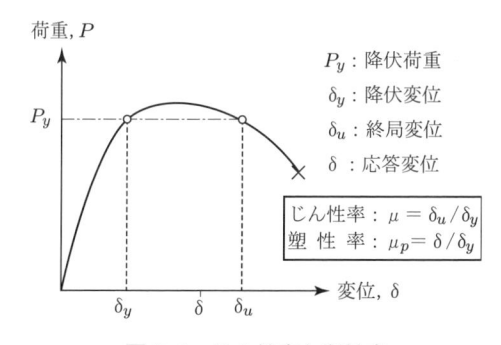

P_y：降伏荷重
δ_y：降伏変位
δ_u：終局変位
δ：応答変位

じん性率：$\mu = \delta_u/\delta_y$
塑性率：$\mu_p = \delta/\delta_y$

図 7.1　じん性率と塑性率

「耐震性能 3」は，地震によって仮に修復不可能な甚大な損傷が生じても，構造物自体の慣性力，動土圧，動水圧などによる構造物の崩壊だけは起こさせない性能で，一般にせん断破壊に対して十分な安全性をもたせれば，この耐震性能を満足させうると考えてよい．

❷ 荷　重

(1) 地震の影響

1. 地震の影響として，次のうち必要なものを考慮する．
   ① 構造物の質量および負載質量に起因する慣性力
   ② 構造物と地盤の相互作用に起因する荷重
   ③ 地震時動水圧

④ 地盤の液状化に起因する地盤流動による荷重

①については，少なくとも永久荷重と従たる変動荷重による慣性力を考慮する必要がある．②は構造物と地盤との地震動変位の相対差によるもので，構造物躯体表面に対して垂直方向と接線方向に作用する荷重である．

④については，液状化が生じないように対策を講じることが基本ではあるが，それが技術的に困難な場合には，構造物の耐震性に及ぼす地盤の寄与分を無視して設計する．

 2. 地震動の方向は，一般に直交する水平2方向を独立に考慮すればよい．一般には，水平方向の地震動が支配的であるので，水平方向の地震力に対する安全性を検討すればよいが，「耐震性能2」および「耐震性能3」の検討において鉛直方向の地震動の影響が無視できない場合には，水平方向の1/2～2/3の地震力を考慮して安全性を検討する．

(2) 照査に用いる地震動

 1. 照査に用いる地震動は，一般に**時刻歴加速度波形**（図7.2参照）で表現することを原則とする．

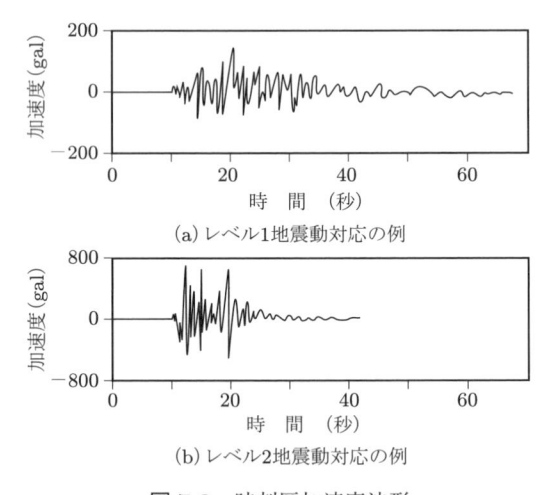

図 **7.2**　時刻歴加速度波形

 2. 地震動の設定位置は，建設地点における工学的基盤面とする．工学的基盤面は，地層のせん断弾性波速度が概ね400 m/s以上（一般に，砂質土でN値50以上，粘性土でN値30以上）の連続地層の上面としてよい．

3. レベル1地震動，レベル2地震動の規模または再現期間は，表7.1に示すとおりとする．

3 耐震性能照査の方法

(1) 耐震性能の照査

1. 構造物の耐震性能の照査は，所定の安全係数を用いて，想定する地震動のもとでの**照査応答値** (S_d) を算定し，これが**照査限界値** (R_d) を超えないことを確かめることにより行う．

$$\frac{R_d}{\gamma_i \cdot S_d} \geq 1.0 \tag{7.1}$$

ここに，$S_d = \gamma_a \cdot S$：照査応答値．S：応答値．$R_d = R/\gamma_b$：照査限界値．R：限界値．

2. 安全係数の標準的な値は，表7.2による．

表7.2 標準的な安全係数の値

安全係数 耐震性能		材料係数, γ_m		部材係数 γ_b	構造解析 係数, γ_a	荷重係数 γ_f	構造物 係数, γ_i
		コンクリート γ_c	鋼材 γ_s				
耐震性能1	応答値および限界値	1.0	1.0	1.0	1.0	1.0	1.0
耐震性能2, 3	応答値	1.0	1.0	1.0	1.0~1.2	1.0~1.2	1.0~1.2
	限界値	1.3	1.0 または1.05	1.0* 1.1~1.3**			

＊ 変位の限界値
＊＊ 棒部材について，正負交番荷重を受ける部材のせん断耐力の算定では1.4〜1.6，塑性ヒンジを許容する領域で，曲げ降伏後にせん断破壊が生じる可能性があるせん断耐力の算定では1.7〜2.0とする．

（出典：土木学会，コンクリート標準示方書・耐震性能照査編，解説表3.2.1）

3. 限界値は，各耐震性能について構造部材が次の限界値を満足すれば，構造物の耐震性能を満足するものとしてよい．

① 耐震性能1：部材の降伏変位
② 耐震性能2：部材のせん断耐力，ねじり耐力および部材の終局変位
③ 耐震性能3：鉛直部材のせん断耐力および構造物の自重支持耐力

③の自重支持耐力については，地震動を入力して時刻歴応答解析を行った後に，構造物が崩壊に至っていないことが確かめられれば，それをもってこの照査に代えてよい．

(2) 応答値の算定

1. 応答値は，時刻歴応答解析により求めるのを原則とする．
2. 構造系全体の解析は，構造物と地盤を一体とした連成解析を行う．ただし，構造物と地盤との動的相互作用が無視できる場合または適切にモデル化できる場合には，構造物と地盤を個別に解析してもよい．
3. 構造物は，部材の集合体として三次元または二次元にモデル化する．
4. 構造物の解析モデルは，有限要素モデルまたは線材モデルとする．
5. 連成解析を行う場合の地盤の解析モデルは，有限要素モデルとするのがよい．
6. せん断力およびねじりモーメントを算定する際には，鋼材の実引張強度を考慮し，かつ，断面内の全軸方向鉄筋を考慮しなければならない．

(3) 限界値の算定

1. 部材の**降伏変位**は，部材断面内の鉄筋に生じている引張力の合力位置の鉄筋が降伏するときの変位としてよい．
2. 部材の**終局変位**は，部材の荷重–変位曲線において，荷重が降伏荷重を下回らない最大の変位としてよい（図7.1）．

④ 解析モデル

(1) 有限要素による構造物のモデル化

1. 棒部材または面部材は，有限要素により**モデル化**する．
2. 棒部材は，線材要素を用いてモデル化してよい．
3. 部材に作用する軸力および曲げモーメントは，断面内のひずみは直線分布するものとし，かつ，コンクリートおよび鋼材の応力–ひずみ関係は載荷履歴を含むものとして算定する．
4. 材料の力学モデルとして，コンクリートの圧縮領域の応力–ひずみ関係は，最大応力点を超えた軟化領域も表すもので，応力履歴については残留塑性ひずみと除荷再載荷時の剛性低下を表すものとする．鉄筋の応力–ひずみ関係は，降伏，ひずみ硬化，バウシンガー効果および降伏後の履歴エネルギー吸収を表す

ものとする．圧縮領域と引張領域の挙動は同一としてよい．

(2) 質点と線材による構造物のモデル化

 1. 線材モデルを用いる場合には，構造物を質点と線材からなる三次元または二次元の集合体としてモデル化する．部材は，軸剛性および曲げ剛性を有する線材としてモデル化する．

 2. 部材の力学モデルは，部材の形状・寸法および材料の力学特性を考慮し，曲げモーメント (M) と部材角 (θ) の関係で表現してよい．一般に，部材の力学モデルは①部材降伏点，②最大耐荷力点，③終局変位点という力学特性を評価できるもので，骨格曲線は原点と①〜③を順に結んだトリリニアモデルとしてよい（図 7.3）．

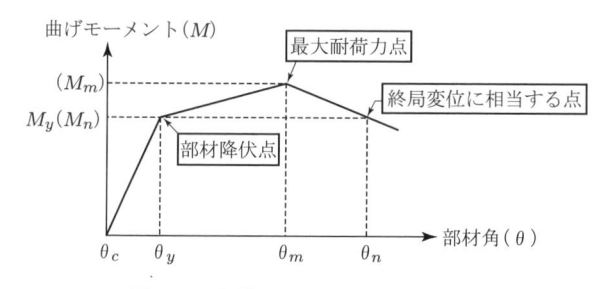

図 7.3 部材モデルの骨格曲線の例

5 構造細目

耐震設計を行うコンクリート構造物においては，一般に部材の軸方向鉄筋が降伏するほどの大きな交番荷重[注]を受けることを想定しなければならないので，通常のコンクリート構造物とは異なる構造細目が必要になる．以下に，耐震設計を行うコンクリート構造物において特に注意すべき構造細目を示す．

(1) 軸方向鉄筋

 1) 軸方向鉄筋の定着

 引張鉄筋は，引張応力を受けないコンクリートに定着するものとする．ただし，次の①または②を満足するときは引張応力を受けるコンクリートに定着してもよいが，定着する鉄筋は計算上不要となる位置から $[l_d + d]$（l_d：基本定

注) 部材に正・負の断面力を交互に繰返し作用させる荷重．

第 7 章 耐震に関する検討

図 7.4 軸方向鉄筋の定着に関する条件の例
(出典:土木学会,コンクリート標準示方書・耐震性能照査編,解説図 5.2.1)

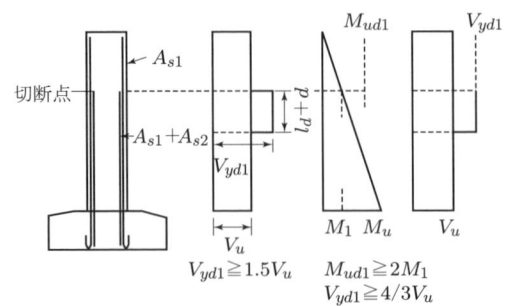

V_u:生じうるせん断力, V_{yd1}:鉄筋切断部の設計せん断耐力,
M_u:生じうる曲げモーメント, M_1:鉄筋切断部に生じうる曲げモーメント,
M_{ud1}:鉄筋切断部の設計曲げ耐力

着長)だけ余分に延ばさなければならない(図 7.4).

① 鉄筋切断点から計算上不要となる位置までの区間では,設計せん断耐力 V_{yd} が生じうるせん断力 V_u の 1.5 倍以上あること.

② 鉄筋切断部において,連続している鉄筋による設計曲げ耐力が切断点に生じうる曲げモーメントの 2 倍以上あり,かつ,切断点から計算上不要となる位置までの区間で,設計せん断耐力が生じうるせん断力の 4/3 倍以上あること.

2) **軸方向鉄筋の継手**[注]

① 軸方向鉄筋の継手には,塑性ヒンジ領域で交番応力を受けた際に十分な継手性能を有するものを用いる.ここで十分な継手性能とは,一般の鉄筋では引張降伏強度の 1.2 倍以上,圧縮降伏強度の 1.1 倍以上の交番繰返し荷重が作用しても破断しないような性能をいう.

② 重ね継手は,交番応力を受ける塑性ヒンジ領域では用いてはならない.これは,塑性ヒンジ領域で重ね継手を用いた場合,交番荷重によりかぶりコンクリートが剥落すると継手性能が発揮されなくなるからである.

③ 同一断面における継手の数は鉄筋 2 本につき 1 本以下とし,同一断面に継手を集めないことを原則とする.継手の位置を相互にずらす距離は,継手の長さに鉄筋直径の 25 倍か断面高さのどちらか大きい方を加えた長さ以上と

注) 鉄筋が所要の長さに満たないとき,同種・同径の鉄筋をつなぎ合わせるつなぎの部分.

する．

④ ③によらない場合は，継手の種類ごとに施工にかかわる信頼性を考慮し，継手部の材料係数を母材鉄筋の 1.1～1.3 倍とする．

(2) 横方向鉄筋

1) 一　般

横方向鉄筋には，閉合スターラップ，帯鉄筋またはらせん鉄筋を用いるのを原則とする．

大断面の部材において，上記の横方向鉄筋に加え，断面内を横切って配置される鉄筋のうち両端がそれぞれ最外縁の軸方向鉄筋に鋭角フックにより定着されるもの，または軸方向鉄筋の一部を囲み 3) に示す継手の条件をみたすものを「中間帯鉄筋」と定義し，これも横方向鉄筋とみなす．

2) 横方向鉄筋の配置間隔

① 横方向鉄筋の部材軸方向の間隔は，軸方向鉄筋直径の 12 倍以下で，かつ，部材断面の最小寸法の 1/2 以下とする．なお，横方向鉄筋は原則として軸方向鉄筋を取り囲むように配置するものとする．

　帯鉄筋やらせん鉄筋などの横方向鉄筋は，斜めひび割れの進展を抑止してせん断耐力を向上させるとともに，軸方向鉄筋の座屈を防止し，かつ，コアコンクリートの横ひずみを拘束するなどの役割を果たす重要な鉄筋であるので，せん断補強およびじん性の確保の観点から，③ に示した照査を満足する鉄筋量が所定の間隔以下で配置されなければならない（図 7.5）．

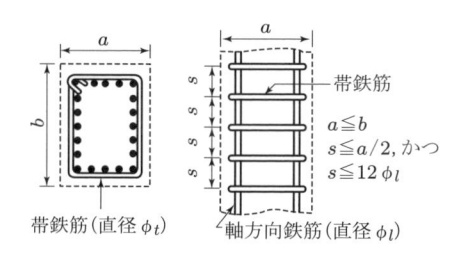

$a \leqq b$
$s \leqq a/2$，かつ
$s \leqq 12\phi_l$

帯鉄筋（直径 ϕ_t）　軸方向鉄筋（直径 ϕ_l）

図 7.5　軸方向鉄筋を取り囲む帯鉄筋の間隔

② 矩形断面の部材に帯鉄筋を用いる場合には，帯鉄筋の 1 辺の長さは帯鉄筋直径の 48 倍以下とする．帯鉄筋の 1 辺の長さがそれを超える場合には，中間帯鉄筋を配置しなければならない．これは，矩形断面の断面寸法が大きくなると，断面の隅角部から離れた位置では帯鉄筋の拘束効果が低下するため，

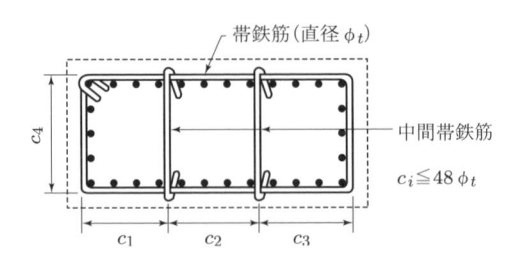

図 7.6　断面内における帯鉄筋の間隔
（出典：土木学会，コンクリート標準示方書・耐震性能照査編，解説図 5.3.2）

断面内では帯鉄筋の 1 辺の長さ（c_i）を制限して拘束効果の著しい低下を抑える必要があるためである（図 7.6）．

3）**帯鉄筋の継手**
① 帯鉄筋の継手を設ける場合には，帯鉄筋の全強を伝達できる継手で接合しなければならない．
② 帯鉄筋に継手を設ける場合には，継手位置を相互にずらす．
③ ②によらない場合には，継手部の材料係数を母材の 1.1〜1.3 倍とする．

4）**横方向鉄筋の定着**
横方向鉄筋の定着は，次のいずれかの方法によるものとする．
① 帯鉄筋を用いる場合には，軸方向鉄筋を取り囲み，端部の鋭角フックを内部コンクリートに定着する．
② らせん鉄筋を用いる場合には，その端部を重ねて 2 巻き以上する．

(3) **部材接合部**
柱部材とはりやその他の部材との接合部は，他の部分が塑性域に達する前に耐荷力を失うことがないようにしなければならない．

レベル 2 地震動に対して「耐震性能 2」または「耐震性能 3」を満足するような設計を行う場合には，部材は塑性域に達していることを想定している．しかし，接合部を有する構造では，部材が塑性域に達する前に接合部が耐荷力を失うと所要の耐震性能を発揮できなくなるので，接合部はそれに接している部材よりも大きな耐荷力を有している必要がある．

そのためには，接合部の大きさを大きくしたり，ハンチを設けたり，あるいは横方向鉄筋を十分に配置したりするなどの対策が必要である．また，各部材から接合部に入る軸方向鉄筋は，十分に定着されることが必要である．

7.2 道路橋示方書・耐震設計編による検討

1 耐震設計の原則

(1) 耐震設計の目標

耐震設計は，

1. 設計地震動のレベルと橋の重要度に応じて，必要とされる耐震性能を確保すること
2. 構造部材の強度を向上させると同時に，変形性能を高めて，橋全体系として地震に耐える構造系を目指すこと

を目標として行う．

(2) 耐震設計の原則

レベル 1，レベル 2（タイプ I）およびレベル 2（タイプ II）の 3 水準の**設計地震動**と，それらに対応する 3 水準の**耐震性能**を，表 7.3 に示すように設定する．

橋の重要度は，道路種別および橋の機能・構造に応じて，重要度が高い橋を「B 種の橋」（高速自動車国道，一般国道，都道府県道およびこれらに接続する幹線の市町村道の橋）と，重要度が標準的な「A 種の橋」（B 種以外の橋）の二つに区分する．

表 7.3 設計地震動と耐震性能（道路橋）

設計地震動の区分		地震の規模	満足すべき耐震性能		
			1	2	3
レベル1		・比較的発生確率の高い中規模程度の地震	地震によって橋の健全度を損なわない．	—	—
レベル2	タイプ I	・プレート境界地震を想定 ・関東大震災（大正12年），0.3〜0.4 g 程度．		B種の橋は，地震による損害が限定的なものにとどまり，速やかに機能を回復できる．	A種の橋は，地震による損傷が橋梁として致命的にならない．
	タイプ II	・直下型地震を想定． ・兵庫県南部地震（平成7年），マグニチュード7級			

2 荷　重

(1) 考慮すべき荷重とその組合わせ

1. 耐震設計にあたっては，主荷重として死荷重 (D)，プレストレス力 (PS)，コンクリートのクリープ (CR) および乾燥収縮の影響 (SH)，土圧 (E)，水圧 (HP)，浮力または揚圧力 (U) を，従荷重として地震の影響 (EQ) を考慮する．

　主荷重に活荷重 (L) が含まれないのは，活荷重は時間的・位置的に変動するものであり，活荷重の満載と地震が同時に発生する確率が小さいためである．

2. 荷重の組合わせは，

$$主荷重 + 地震の影響 (EQ)$$

とする．

(2) 地震の影響

　地震の影響として，次のうちの必要なものを考慮する．
　① 構造物の重量に起因する慣性力
　② 地震時土圧
　③ 地震時動水圧
　④ 地盤の液状化および流動化の影響
　⑤ 地震時地盤変位

3 設計地震動

(1) レベル 1 地震動

1. レベル 1 地震動は，2. に定める**加速度応答スペクトル**に基づいて設定する．
2. レベル 1 地震動の加速度応答スペクトルは，原則として (5) に定める耐震設計上の地盤面において与えるものとし，次式により算出するものとする．

$$S = c_Z \cdot c_D \cdot S_o \tag{7.2}$$

ここに，S：レベル 1 地震動の加速度応答スペクトル（1 gal 単位に丸める）．c_Z：(3) に定める地域別補正係数．c_D：減衰定数別補正係数で，減衰定数 h に応じて次式により求める．

$$c_D = \frac{1.5}{40h + 1} + 0.5 \tag{7.3}$$

S_o：レベル 1 地震動の標準加速度応答スペクトル (gal) で，(4) に定める地盤種別および固有周期 T に応じて，表 7.4 の値とする．同表を図示すると，図 7.7 のようである．

(2) レベル 2 地震動

1. レベル 2 地震動は，2. に定める加速度応答スペクトルに基づいて設定する．
2. レベル 2 地震動の加速度応答スペクトルは，原則として (4) に定める耐震設計上の地盤面において与えるものとし，❶ –(2) に定める地震動のタイプに応じて，次式により算出するものとする．

$$S_{\mathrm{I}} = c_Z \cdot c_D \cdot S_{\mathrm{I}0} \tag{7.4}$$

$$S_{\mathrm{II}} = c_Z \cdot c_D \cdot S_{\mathrm{II}0} \tag{7.5}$$

ここに，S_{I}：タイプ I の地震動の加速度応答スペクトル（1 gal 単位に丸める）．S_{II}：タイプ II の地震動の加速度応答スペクトル（1 gal 単位に丸める）．$S_{\mathrm{I}0}$：タイプ I の地震動の標準加速度応答スペクトル (gal) で，(4) に定める地盤種別および固有周期 T に応じて，表 7.5（図 7.8）の値とする．$S_{\mathrm{II}0}$：タイプ II の地震動の標準加速度応答スペクトル (gal) で，(4) に定める地盤種別および固有周期 T に応じて，表 7.6（図 7.9）の値とする．

(3) 地域別補正係数

地域別補正係数は，地域区分に応じて図 7.10 に示す値とする．行政区画別の詳細な地域区分については，道路橋示方書・耐震設計編を参照されたい．

(4) 耐震設計上の地盤種別

耐震設計上の地盤種別は，次式から求まる地盤の特性値 T_G の値 (s) にもとづき，表 7.7 のように区別する．地表面が耐震設計上の基盤面と一致する場合は，I 種地盤とする．

$$T_G = 4 \sum_{i=1}^{n} \frac{H_i}{V_{si}} \tag{7.6}$$

ここに，H_i：i 番目の地層の厚さ (m)．V_{si}：i 番目の地層の平均せん断弾性波速度 (m/s)．

概略の目安としては，I 種地盤は良好な洪積地盤および岩盤，III 種地盤は沖積地盤のうち軟弱地盤，II 種地盤は I 種または III 種地盤のいずれにも属さな

第7章 耐震に関する検討

表 7.4 レベル 1 地震動の標準加速度応答スペクトル, S_0

地盤種別	固有周期 T(s)に対するS_0(gal)		
Ⅰ 種	$T<0.1$ $S_0=431T^{1/3}\geqq 160$	$0.1\leqq T\leqq 1.1$ $S_0=200$	$T>1.1$ $S_0=220/T$
Ⅱ 種	$T<0.2$ $S_0=427T^{1/3}\geqq 200$	$0.2\leqq T\leqq 1.3$ $S_0=250$	$T>1.3$ $S_0=325/T$
Ⅲ 種	$T<0.34$ $S_0=430T^{1/3}\geqq 240$	$0.34\leqq T\leqq 1.5$ $S_0=300$	$T>1.5$ $S_0=450/T$

(出典:日本道路協会,道路橋示方書・耐震設計編,表 4.2.1)

図 7.7 レベル 1 地震動の標準加速度応答スペクトル, S_0

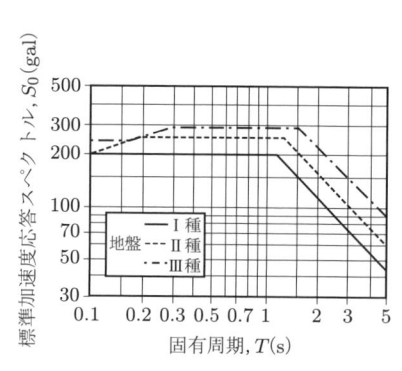

(出典:日本道路協会,道路橋示方書・耐震設計編,図解 4.2.1)

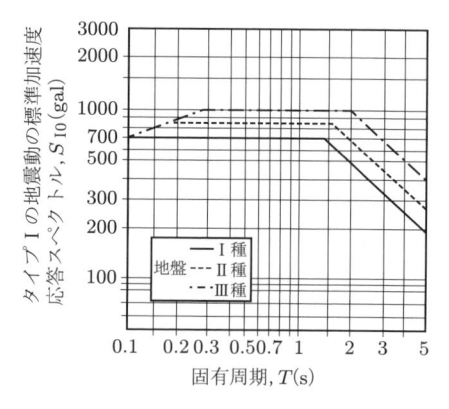

図 7.8 タイプⅠ地震動の標準加速度応答スペクトル, S_{I0}

(出典:日本道路協会,道路橋示方書・耐震設計編,図解 4.3.1)

表 7.5 タイプⅠ地震動の標準加速度応答スペクトル, S_{I0}

地盤種別	固有周期 T(s)に対するS_{I0}(gal)		
Ⅰ 種	$T\leqq 0.4:S_{I0}=700$		$T>0.4:S_{I0}=980/T$
Ⅱ 種	$T<0.18$ $S_{I0}=1,505T^{1/3}\geqq 700$	$0.18\leqq T\leqq 1.6$ $S_{I0}=850$	$T>1.6$ $S_{I0}=1,360/T$
Ⅲ 種	$T<0.29$ $S_{I0}=1,511T^{1/3}\geqq 700$	$0.29\leqq T\leqq 2.0$ $S_{I0}=1,000$	$T>2.0$ $S_{I0}=2,000/T$

(出典:日本道路協会,道路橋示方書・耐震設計編,表 4.3.1)

表 7.6 タイプ II の地震動の標準加速度応答スペクトル, $S_{\text{II}0}$

地盤種別	固有周期T(s)に対する$S_{\text{II}0}$(gal)		
I 種	$T<0.3$ $S_{\text{II}0}=4{,}463T^{2/3}$	$0.3\leq T\leq 0.7$ $S_{\text{II}0}=2{,}000$	$T>0.7$ $S_{\text{II}0}=1{,}104T^{5/3}$
II 種	$T<0.4$ $S_{\text{II}0}=3{,}224T^{2/3}$	$0.4\leq T\leq 1.2$ $S_{\text{II}0}=1{,}750$	$T>1.2$ $S_{\text{II}0}=2{,}371T^{5/3}$
III 種	$T<0.5$ $S_{\text{II}0}=2{,}381T^{2/3}$	$0.5\leq T\leq 1.5$ $S_{\text{II}0}=1{,}500$	$T>1.5$ $S_{\text{II}0}=2{,}948T^{5/3}$

（出典：日本道路協会，道路橋示方書・耐震設計編，表 4.3.2）

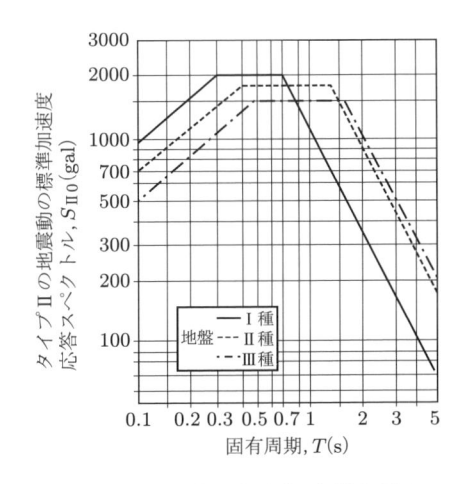

図 7.9 タイプ II 地震動の標準加速度応答スペクトル, $S_{\text{II}0}$

（出典：日本道路協会，道路橋示方書・耐震設計編，図解 4.3.2）

い洪積地盤および沖積地盤と考えてよい．

(5) 耐震設計上の地盤面

耐震設計上の地盤面は，常時における設計上の地盤面とする．ただし，地震時に地盤反力が期待できない土層がある場合には，その影響を考慮して適切に耐震設計上の地盤面を設定するものとする．

166 第7章 耐震に関する検討

地　域	c_Z
A	1.0
B	0.85
C	0.7

図 7.10 地域別補正係数，c_Z

（出典：日本道路協会，道路橋示方書・耐震設計編，図解 4.4.2）

表 7.7 耐震設計上の地盤種別

地盤種別	地盤の特性値，$T_G(s)$
Ⅰ 種	$T_G<0.2$
Ⅱ 種	$0.2≦T_G<0.6$
Ⅲ 種	$0.6≦T_G$

（出典：日本道路協会，道路橋示方書・耐震設計編，表 4.5.1）

❹ 耐震性能の照査

(1) 一　般

耐震性能の照査は，設計地震動によって生じる各部材の状態が，次の (2)〜(4) のように設定した各部材の限界状態を超えないことを照査することによって行う．

(2) 耐震性能 1 に対する橋の限界状態

地震によって橋全体としての力学特性が弾性域を超えない範囲で適切に定める．このとき，部材の応力度は許容応力度以下となるものとする．

(3) 耐震性能 2 に対する橋の限界状態

塑性域を考慮した部材にのみ塑性変形が生じ，その大きさが修復を容易に行いうる範囲内で適切に定める．塑性化を考慮する部材としては，確実にエネルギー吸収を図ることができ，かつ，速やかに修復を行うことが可能な部材を選定する．

(4) 耐震性能 3 に対する橋の限界状態

塑性化を考慮した部材にのみ塑性変形が生じ，その大きさが当該部材の保有する塑性変形性能を超えない範囲内で適切に定める．塑性化を考慮する部材と

しては，確実にエネルギー吸収を図ることができる部材（橋脚，基礎，免震橋の免震支承など）を選定する．

(5) 耐震性能の照査方法

 1. 耐震性能の照査は，設計地震動，橋の構造形式とその限界状態に応じて，適切な方法に基づいて行うものとする．
 2. 地震時の挙動が複雑でない橋に対しては ❺ に定める静的照査法により，また，地震時の挙動が複雑な橋に対しては ❻ に定める動的照査法により照査を行えば，それぞれ 1. を満足するものとみなしてよい．

❺ 静的照査法による耐震性能の照査

(1) 一　　般

 1. 耐震性能の照査は，震度法に基づいて行う．
 2. レベル 1 地震動に対する照査は，(2) に定める荷重を算定し，(3) に定める弾性域の振動特性を考慮した震度法により，耐震性能 1 の照査を行う．
 3. レベル 2 地震動に対する照査は，(2) により荷重を算定し，(4) に定める地震時保有水平耐力法により，耐震性能 2 または耐震性能 3 の照査を行う．

(2) 荷重の算定

 1. 地震の影響として，慣性力，地震時土圧，地震時動水圧，地盤の液状化および流動化の影響を考慮する．
 2. ❸ –(5) に定義した耐震設計上の地盤面よりも下方の構造部分には，慣性力，地震時土圧および地震時動水圧を作用させなくてよい．

(3) レベル 1 地震動に対する耐震性能の照査

　1) 設計水平震度

　　レベル 1 地震動の設計水平震度は，次式による．

$$k_h = c_Z \cdot k_{ho} \quad (\geqq 0.1) \tag{7.7}$$

ここに，k_h：レベル 1 地震動の設計水平震度（小数点以下 2 桁に丸める）．k_{ho}：レベル 1 地震動の設計水平震度の標準値で，表 7.8 による．c_Z：地域別補正係数．

表7.8 レベル1地震動の設計水平震度の標準値, k_{ho}

地盤種別	固有周期T(s)に対するk_{ho}の値		
I 種	$T<0.1$ $k_{ho}=0.431T^{1/3}\geqq 0.16$	$0.1\leqq T\leqq 1.1$ $k_{ho}=0.2$	$T>1.1$ $k_{ho}=0.213T^{-2/3}$
II 種	$T<0.2$ $k_{ho}=0.427T^{1/3}\geqq 200$	$0.2\leqq T\leqq 1.3$ $k_{ho}=0.25$	$T>1.3$ $k_{ho}=0.298T^{-2/3}$
III 種	$T<0.34$ $k_{ho}=0.430T^{1/3}\geqq 240$	$0.34\leqq T\leqq 1.5$ $k_{ho}=0.3$	$T>1.5$ $k_{ho}=0.393T^{-2/3}$

(出典：日本道路協会，道路示方書・耐震設計編，表6.3.1)

2) 耐震性能1の照査

鉄筋コンクリート橋脚および橋台は「下部構造編5.1」，コンクリート上部構造は「コンクリート橋編・4章」の規定に基づいてそれぞれ照査する．

(4) レベル2地震動に対する耐震性能の照査

1) 設計水平震度

① レベル2地震動（タイプI）の設計水平震度 k_{hc} は，次式による．ただし，$k_{hco}\cdot c_Z$ の値が0.3を下回るときは $0.3c_S$，$0.4c_Z$ を下回るときは $0.4c_Z$ の値を設計水平震度とする．

$$k_{hc} = c_S \cdot c_Z \cdot k_{hco} \tag{7.8}$$

ここに，$c_S = \frac{1}{\sqrt{2\mu_a - 1}}$：構造物特性補正係数．$\mu_a$：完全弾塑性型の復元力特性を有する構造系の許容塑性率で，鉄筋コンクリート橋脚の場合は，

$$\mu_a = 1 + \frac{\delta_u - \delta_y}{\alpha \cdot \delta_y} \tag{7.9}$$

δ_y：橋脚の降伏変位．δ_u：橋脚の終局変位．α：安全係数で，表7.9による．k_{hco}：レベル2地震動（タイプI）の設計水平震度の標準値で，表7.10による．
② レベル2地震動（タイプII）の設計水平震度 k_{hc} は，次式による．ただし，$k_{hco}\cdot c_Z$ の値が0.6を下回るときは $0.6c_S$，$0.4c_Z$ を下回るときは $0.4c_Z$ の値を設計水平震度とする．

$$k_{hc} = c_S \cdot c_Z \cdot k_{hco}$$

7.2 道路橋示方書・耐震設計編による検討　169

ここに，k_{hco}：レベル2地震動（タイプⅡ）の設計水平震度の標準値で，表7.11 による．

2）耐震性能 2 または耐震性能 3 の照査

鉄筋コンクリート橋脚，橋脚基礎・橋台基礎，上部構造，支承部の照査は，それぞれ別途規定（本書では省略）に基づいて行う．

表 7.9 橋脚の許容塑性率を算出するときの安全係数, α

照査する耐震性能	タイプⅠの地震動に対する許容塑性率の算出に用いる安全係数, α	タイプⅡの地震動に対する許容塑性率の算出に用いる安全係数, α
耐震性能 2	3.0	1.5
耐震性能 3	2.4	1.2

（出典：日本道路協会，道路示方書・耐震設計編，表 10.2.1）

表 7.10 レベル2地震動（タイプⅠ）の設計水平震動度の標準値, k_{hco}

地盤種別	固有周期 $T(s)$ に対する k_{hco} の値		
Ⅰ種	$T \leq 1.4 : k_{hco}=0.7$		$T>1.4$ $k_{hco}=0.876T^{-2/3}$
Ⅱ種	$T<0.18$ $k_{hco}=1.51T^{1/3} \geq 0.7$	$0.18 \leq T \leq 1.6$ $k_{hco}=0.85$	$T>1.6$ $k_{hco}=1.16T^{-2/3}$
Ⅲ種	$T<0.29$ $k_{hco}=1.51T^{1/3} \geq 0.7$	$0.29 \leq T \leq 2.0$ $k_{hco}=1.0$	$T>2.0$ $k_{hco}=1.59T^{-2/3}$

（出典：日本道路協会，道路示方書・耐震設計編，表 6.4.1）

表 7.11 レベル2震動動（タイプⅡ）の設計水平震度の標準値, k_{hco}

地盤種別	固有周期 $T(s)$ に対する k_{hco} (gal)		
Ⅰ種	$T<0.3$ $k_{hco}=4.46T^{2/3}$	$0.3 \leq T \leq 0.7$ $k_{hco}=2.0$	$T>0.7$ $k_{hco}=1.24T^{-4/3}$
Ⅱ種	$T<0.4$ $k_{hco}=3.22T^{2/3}$	$0.4 \leq T \leq 1.2$ $k_{hco}=1.75$	$T>1.2$ $k_{hco}=2.23T^{-4/3}$
Ⅲ種	$T<0.5$ $k_{hco}=2.38T^{2/3}$	$0.5 \leq T \leq 1.5$ $k_{hco}=1.50$	$T>1.5$ $k_{hco}=2.57T^{-4/3}$

（出典：日本道路協会，道路示方書・耐震設計編，表 6.4.2）

6 動的照査法による耐震性能の照査

(1) 一 般

1. 耐震性能の照査は，(2) に定める地震動を作用させたときに各部材に生じる断面力，変位などを動的解析により算定し，(4) の規定に基づいて行う．
2. 動的解析では，解析目的および設計地震動のレベルに応じて，(3) により適切な解析モデルを設定するとともに，適切な解析方法を選定する．

(2) 動的解析に用いる地震動

1. 応答スペクトル法を用いる場合：レベル1地震動に対しては式 (7.2)，レベル2地震動に対しては式 (7.4) および式 (7.5) から求まる加速度応答スペクトルを用いる．
2. 時刻歴応答解析法を用いる場合：既往の代表的な強震記録を，レベル1地震動に対しては式 (7.2)，レベル2地震動に対しては式 (7.4) および式 (7.5) から求まる加速度応答スペクトルに近い特性を有するように振幅調整した加速度波形を用いる．

(3) 解析モデルおよび解析方法

1) 解析モデルおよび解析方法
① レベル1地震動に対する耐震性能1の照査では，弾性域における橋の動的特性を表現できる解析モデルおよび解析方法を用いる．
② レベル2地震動に対する耐震性能2または耐震性能3の照査では，必要に応じて塑性化を考慮する部材の非線形の効果を含めた橋の動的特性を表現できる解析モデルおよび解析方法を用いる．

2) 部材のモデル化
① 部材のモデル化は，当該部材の非線形履歴特性に応じて，適切に行う．
② 基礎地盤の変形の影響は，バネとしてモデル化してよい．
③ 支承部のモデル化は，支承部の構造および非線形履歴特性や減衰特性に応じて適切に行う．
④ 非線形挙動する部材に対して等価線形化法により等価な線形部材にモデル化する場合は，等価剛性と等価減衰定数を適切に設定するものとする．

（4）耐震性能の照査

1）耐震性能 1 の照査

① 鉄筋コンクリート橋脚・橋台は，動的解析による断面の応力度が許容応力度以下となることを照査する．

② 橋脚基礎の照査は，動的解析による橋脚基部の断面力を橋脚基礎に作用する地震力とし，「下部構造編 5.1 および 9.2」の規定に基づいて行う．

③ コンクリート上部構造は，動的解析による断面の応力度が許容応力度以下となることを照査する．

2）耐震性能 2 の照査

① 鉄筋コンクリート橋脚は，動的解析により算出される応答塑性率が式 (7.9) の許容塑性率以上となるとともに，動的解析により算出される上部構造の慣性力の作用位置における最大応答変位に対応する残留変位が許容残留変位以下となることを照査する．

② 橋脚基礎の照査は，別途規定（本書では省略）に基づいて行う．

3）耐震性能 3 の照査

① 鉄筋コンクリート橋脚は，動的解析による応答塑性率が許容塑性率（式 7.9 および表 7.10 参照）以下となることを照査する．

② 橋脚基礎の照査は，別途規定（本書では省略）に基づいて行う．

❼ 構造細目（鉄筋コンクリート橋脚の場合）

（1）軸方向鉄筋の継手

耐震設計において塑性化を考慮する領域には，原則として軸方向鉄筋の継手を設けてはならない．

（2）帯鉄筋および中間帯鉄筋の配置

1. 塑性化を考慮する領域では，軸方向鉄筋の座屈抑制効果と内部コンクリートの拘束効果を確実に保持できるような形式および間隔で配置する．

2. 帯鉄筋には直径 13 mm 以上の異形鉄筋を使用し，塑性化を考慮する領域における帯鉄筋間隔は 150 mm 以下とするのを標準とする．

3. 帯鉄筋は軸方向鉄筋を取り囲むように配置し，端部はフックを付けて内部のコンクリートに定着する．

4. フックのない重ね継手は，原則として用いてはならない．フックは，曲げ加工する部分の端部から，半円形フックでは $8\phi_t$ または $120\,\mathrm{mm}$ 以上，鋭角フックでは $10\phi_t$ 以上，また，直角フックでは $12\phi_t$ 以上（ただし，ϕ_t：帯鉄筋の直径）まっすぐに延ばす．フックの曲げ内半径は $2.5\phi_t$ 以上とする．

5. 矩形断面の隅角部以外で帯鉄筋を継ぐ場合には，原則として $40\phi_t$ 以上を重ね合わせ，4. に定めるフックを設ける．

6. 橋脚断面内部には，中間帯鉄筋を配置するのを標準とする．内部コンクリートの拘束効果を高めるため，中間帯鉄筋は次の条件を満足するものとする．

① 中間帯鉄筋には，帯鉄筋と同材質，同径の鉄筋を用いる．
② 中間帯鉄筋は，長辺・短辺の両方向に配置する．
③ 中間帯鉄筋の断面内配置間隔は，$1\,\mathrm{m}$ 以内とする．
④ 中間帯鉄筋は，帯鉄筋を配置するすべての断面に配置する．
⑤ 中間帯鉄筋は，断面周長方向に配置される帯鉄筋（軸方向鉄筋が2段配筋の場合は，最も外側に配置される帯鉄筋）に半円形フックまたは鋭角フックを掛けて定着する．
⑥ 中間帯鉄筋は，1本の連続した鉄筋または断面内に継手を有する1組の鉄筋により，橋脚断面を貫通させるのを標準とする．

演習問題

[学会示方書]

1. 2水準の地震動と3水準の耐震性能との対応（どのような地震動にはどのような耐震性応を満足すればよいか）を述べよ．
2. レベル1地震動とレベル2地震動は，それぞれ何年程度の再現期間を想定したものか．
3. 鉄筋コンクリート柱における帯鉄筋の役割を述べよ．
4. 中間帯鉄筋とは何か，また，その役割を述べよ．

[道路橋示方書]

5. レベル2地震動のタイプI地震動とタイプII地震動は，それぞれ何に起因する地震を想定したものか，また，それぞれが参照している既往の具体的な地震は何かを述べよ．

6. A地域のIII種地盤上に，レベル2地震動（タイプII）を考慮して固有周期0.4秒のRC橋脚を設計するときの，設計水平震度を求めよ．ただし，$f'_{ck} = 24\,\text{N/mm}^2$，$\delta_y = 320\,\text{mm}$，$\delta_u = 1800\,\text{mm}$ とする．

7. 時刻歴応答解析法により，レベル1地震動に対する耐震性能の照査を行う場合，入力する時刻歴加速度波形はどのように設定するのかを述べよ．

8. RC橋脚に使用すべき帯鉄筋の径および配置間隔を示せ．

第 8 章

一般構造細目

8.1 概　　説

　この章では，鉄筋コンクリートおよびプレストレストコンクリート構造物の設計において従わなければならない，一般的な構造細目を示す．部材の種類や構造別に構造細目が定められている場合には，それらの構造細目の規定にも従わなければならない．

8.2 かぶりと鉄筋のあき

1 かぶり

（1）かぶりの役割

　かぶりとは，鉄筋表面からコンクリート表面までの最短距離をいう．
　鉄筋をコンクリートで十分に包み込んで所定のかぶりを確保することは，
　① 鉄筋が十分な付着強度を発揮して鉄筋とコンクリートを一体作用させる，
　② 鉄筋が錆びるのを防ぐ，
　③ 鉄筋を火災から保護する，
などのために必要である．

（2）かぶりの最小値

　1．一般の環境および塩分以外の有害因子による腐食性環境において使用される構造物におけるかぶりの最小値 $c_{\min}$ は，次式の値とする．ただし，鉄筋の直

径の値以上とする.

$$c_{\min} = \alpha \cdot c_0 \tag{8.1}$$

ここに,α：コンクリートの設計基準強度 f'_{ck} の値に応じて,表 8.1 の値とする.
c_0：基本かぶりで,部材の種類および環境条件に応じて,表 8.2 の値とする.

表 8.1 α の値

$f'_{ck}(\text{N/mm}^2)$	α
$f'_{ck} \leq 18$	1.2
$18 < f'_{ck} < 34$	1.0
$f'_{ck} \geq 34$	0.8

表 8.2 c_0 の値 (mm)

環境条件 \ 部材	スラブ	はり	柱
一般	25	30	35
腐食性	40	50	60
特に厳しい腐食性	50	60	70

ただし,表 8.2 の値は点検が容易で,補修も比較的容易な場合を対象としたものである.

一般の現場施工で,完成後の点検や補修が困難であるような場合で鉄筋の腐食を防ぐためには,かぶりは「腐食性環境」の場合で 75 mm 以上,「特に厳しい腐食性環境」の場合で 100 mm 以上とするのが望ましい.

2. 防錆効果が確認された特殊鉄筋を用いる場合,および品質が確認された保護層を設ける場合には,環境条件を「一般の環境」としてかぶりを定めてよい.

3. フーチングおよび構造物の重要な部材で,コンクリートが地中に直接打設される場合のかぶりは,75 mm 以上とするのがよい.

4. 水中で施工する鉄筋コンクリートで,水中不分離性コンクリートを用いない場合のかぶりは,100 mm 以上とするのがよい.

5. 流水などによりすりへりを受ける恐れがある部分は,かぶりを割増しするのがよい.

❷ 鉄筋のあき

鉄筋のあきとは,隣合う鉄筋の純間隔である（図 8.1）.

（1）はりの軸方向鉄筋のあき

はりの軸方向鉄筋の水平あきは,20 mm 以上,粗骨材の最大寸法の 4/3 倍以上,かつ,鉄筋直径以上とする.また,コンクリートの締固めに用いる内部振

動機を挿入できるだけの水平あきを確保しなければならない．

軸方向鉄筋を 2 段以上に配置する場合の鉛直あきは 20 mm 以上，かつ，鉄筋直径以上とする．

(2) 柱の軸方向鉄筋のあき

柱の軸方向鉄筋のあきは，40 mm 以上，粗骨材の最大寸法の 4/3 倍以上，かつ，鉄筋直径の 1.5 倍以上とする．

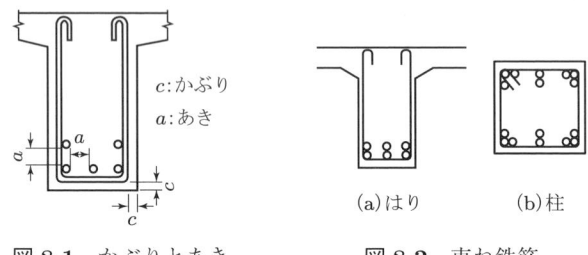

図 8.1　かぶりとあき

図 8.2　束ね鉄筋

3 束ね鉄筋

直径 32 mm 以下の異形鉄筋を用いる場合で，複雑な配筋のため十分な締固めが行えない場合は，はり・スラブなどの水平軸方向鉄筋は 2 本ずつを上下に束ね，柱・壁などの鉛直軸方向鉄筋は 2 本または 3 本ずつを束ねて配置してもよい（図 8.2）．

束ね鉄筋を用いる場合は，内部振動機を挿入するためのあきを大きめにとり，十分な締固めを行って鉄筋の周囲にコンクリートを十分にゆきわたらせる必要がある．

8.3　鉄筋の曲げ形状

1 フック

(1) 標準フック

標準フックとして，半円形フック，鋭角フック，直角フックがある（図 8.3）．

1. 半円形フックは，鉄筋端部を半円形に 180° 折り曲げ，半円形の端から鉄筋直径の 4 倍以上，かつ 60 mm 以上をまっすぐ延ばしたものとする．

8.3 鉄筋の曲げ形状

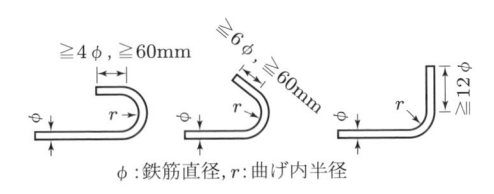

(a) 半円形フック　(b) 鋭角フック　(c) 直角フック

φ：鉄筋直径, r：曲げ内半径

図 8.3　フックの形状

 2．鋭角フックは，鉄筋端部を 135°折り曲げ，曲げ終わった位置から鉄筋直径の 6 倍以上，かつ，60 mm 以上まっすぐに延ばしたものとする．
 3．直角フックは，鉄筋端部を 90°折り曲げ，曲げ終わった位置から鉄筋直径の 12 倍以上まっすぐに延ばしたものとする．

（2）軸方向鉄筋のフック

　軸方向引張鉄筋に丸鋼を用いる場合には，常に半円形フックを設けなければならない．その曲げ内半径は，表 8.3 に示す値以上とする．

表 8.3　フックの曲げ内半径

鉄筋の種類	鉄筋の用途	軸方向鉄筋	スターラップおよび帯鉄筋
丸鋼	SR235	2.0ϕ	1.0ϕ
	SR295	2.5ϕ	2.0ϕ
異形鉄筋	SD295A,B	2.5ϕ	2.0ϕ
	SD345	2.5ϕ	2.0ϕ
	SD390	3.0ϕ	2.5ϕ
	SD490	3.5ϕ	3.0ϕ

（3）スターラップ，帯鉄筋およびフープ鉄筋のフック

 1．スターラップ，帯鉄筋およびフープ鉄筋は，その端部に標準フックを設けなければならない．
 2．丸鋼をスターラップ，帯鉄筋またはフープ鉄筋として用いる場合には，半円形フックとする．
 3．異形鉄筋をスターラップに用いる場合には，直角フックまたは鋭角フックとする．
 4．異形鉄筋を帯鉄筋またはフープ鉄筋に用いる場合には，半円形フックまたは鋭角フックとする．

5. スターラップ，帯鉄筋およびフープ鉄筋のフックの曲げ内半径は，表 8.3 に示す値以上とする．ただし，$\phi \leqq 10\,\mathrm{mm}$ のスターラップの曲げ内半径は，1.5ϕ でよい．

❷ 中間帯鉄筋

大型断面の場合は，帯鉄筋またはフープ鉄筋および中間帯鉄筋を配置するのを原則とする．中間帯鉄筋は，次の条件を満足するものでなければならない．

1. 帯鉄筋および中間帯鉄筋の断面内配置間隔は，図 8.4 に示すように原則として 1 m 以内とする．
2. 中間帯鉄筋は，原則として帯鉄筋が配置されるすべての断面に配置する．

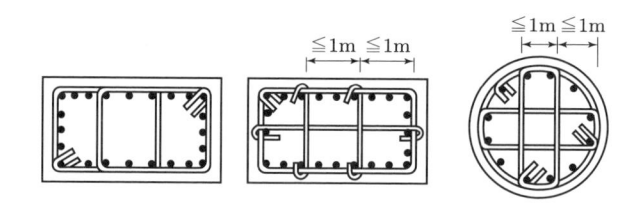

図 8.4 大形断面における帯鉄筋などの配筋例

❸ その他の鉄筋

1. 折曲鉄筋の曲げ内半径は，鉄筋直径の 5 倍以上とする（図 8.5）．ただし，部材側面から $2\phi + 20\,\mathrm{mm}$ 以内の位置にある鉄筋を折曲鉄筋として用いる場合には，その曲げ内半径は鉄筋直径の 7.5 倍以上としなければならない．

このように曲げ内半径を制限するのは，曲げ内半径をあまり小さくすると，折り曲げ部内側のコンクリートに大きな支圧応力が生じてコンクリートを圧壊させる恐れがあるためである．

2. ラーメン隅角部の外側に沿う鉄筋の曲げ内半径は，鉄筋直径の 10 倍以上としなければならない（図 8.6）．
3. ハンチ，ラーメン隅角部などの内側に沿う鉄筋は，スラブまたははりの引張鉄筋を曲げたものとせず，別の直線の鉄筋を配置する．

ハンチ内側にはりなどの引張鉄筋を延ばして配置すると，鉄筋が引張力を受けたとき直線状になろうとする動きにより，図 8.7 に示すようにハンチ内側のかぶりコンクリートが剥落する恐れがあるため，はりや柱とは独立した別の鉄

図 8.5 折曲鉄筋　　図 8.6 ラーメン隅角部の鉄筋　　図 8.7

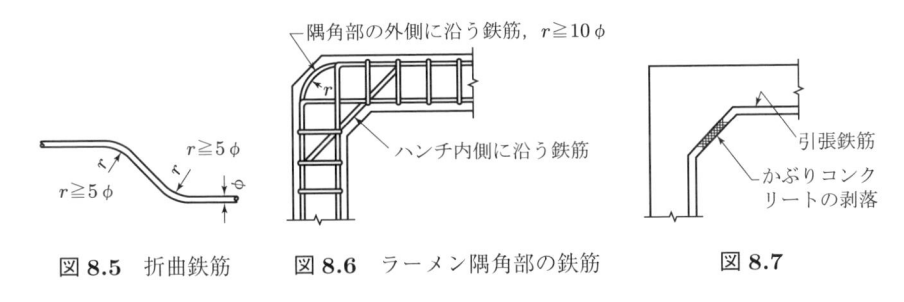

筋を配置することとされている．

8.4 鉄筋の定着

1 一　　般

1. 鉄筋端部はコンクリート中に十分な長さを埋め込んで，鉄筋とコンクリートとの付着力によって定着するか，フックを付けて定着するか，または定着具を用いて機械的に定着するかしなければならない．
2. 丸鋼の端部には，必ず半円形フックを設けなければならない．
3. スラブまたははりの**正鉄筋**の少なくとも 1/3 は，曲げ上げないで支点を超えて定着しなければならない（図 8.8）．
4. スラブまたははりの**負鉄筋**の少なくとも 1/3 は反曲点を超えて延長し，圧縮側で定着するか，あるいは次の負鉄筋と連続させるかしなければならない（図 8.9）．

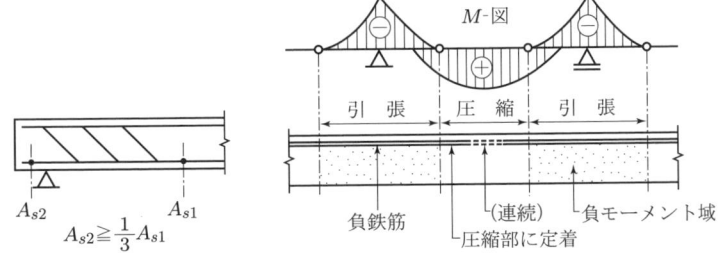

図 8.8 はりの正鉄筋　　図 8.9 はりの負鉄筋の定着

5. 折曲鉄筋は，その延長を正鉄筋または負鉄筋として用いるか，または折曲鉄筋端部を圧縮側のコンクリートに定着する．

6. スターラップは，正鉄筋または負鉄筋を取り囲み，その端部を圧縮側コンクリートに定着する（図 8.10）．図 8.10 (b) のように圧縮鉄筋をも取り囲むのは，圧縮鉄筋の座屈を防止するためである．

7. 帯鉄筋およびフープ鉄筋の端部には，軸方向鉄筋に掛ける半円形フックまたは鋭角フックを設けなければならない（図 8.11）．

8. らせん鉄筋は，1.5 巻余分に巻きつけて，端部をらせん鉄筋内部のコンクリートに定着する．

9. 鉄筋とコンクリートとの付着によって定着するか，フックを付けて定着する鉄筋の端部は，❸ に定める定着長をとって定着する．

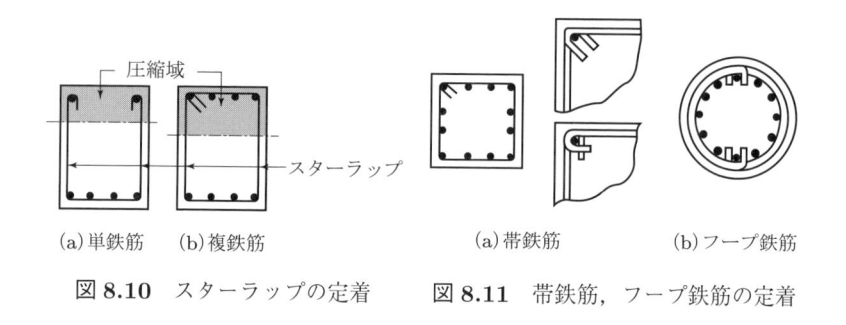

図 8.10 スターラップの定着

図 8.11 帯鉄筋，フープ鉄筋の定着

❷ 鉄筋の定着長算定位置

曲げ部材の軸方向鉄筋を定着する場合に，**定着長を定める起点の位置**を次のように決める．ただし，d は部材の有効高さ，l_d は ❹ に述べる基本定着長とする．

① 曲げモーメントが極値となる断面から d だけ離れた位置

② 曲げモーメントに対して計算上鉄筋の一部が不要となる断面から，曲げモーメントが小さくなる方向へ d だけ離れた位置

③ 柱の下端では，柱断面の有効高さの 1/2，かつ鉄筋径の 10 倍だけフーチング内側に入った位置

④ 片持ばりの固定端などでは，引張鉄筋端部が定着部において上下から拘束されている場合には $d/2$ だけ，上下から拘束されていない場合には d だけ定着部内に入った位置

これらを，図 8.12 に示す．

8.4 鉄筋の定着

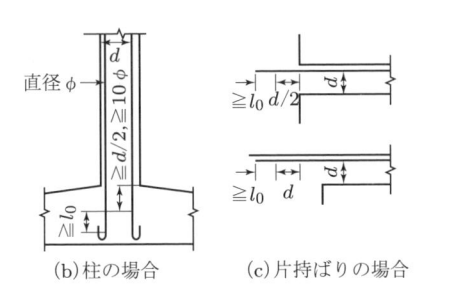

図 8.12 定着長算定の起点

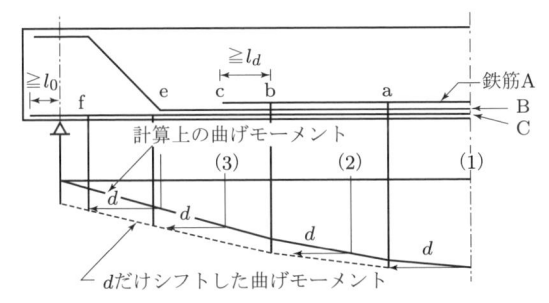

(1) 曲げモーメントが極値をとる位置
(2) 鉄筋Aが計算上不要となる位置
(3) 鉄筋Bが計算上不要となる位置

(a) はりの場合
(b) 柱の場合
(c) 片持ばりの場合

同図 (a) のはりの場合，鉄筋 A はコンクリート引張部に定着する鉄筋の例であり，この鉄筋が①に該当するのは点 a，②に該当するのは点 b であって，これが定着長算定の基点となる．鉄筋 B は折曲鉄筋の例で，②に該当する点 e が定着長の起点となるが，この鉄筋は引続き折曲鉄筋として使われるので，ここでは定着の起点は問題とはならない．鉄筋 C は支点を超えて延ばす鉄筋で，応力が極大となる点 e から d だけ支点側の点 f が定着の起点となる．

同図 (b) の柱の場合，フーチング中に $d/2$，かつ，10ϕ 入った点が起点となるが，一般には鉄筋はフーチング下端部まで延ばすことが多い．

❸ 鉄筋の定着長

1. 鉄筋の定着長 l_0 は，**基本定着長**（❹ に述べる）l_d 以上とする．ただし，配置される鉄筋量 A_s が計算上必要な鉄筋量 A_{sc} よりも大きいときは，次式により l_0 を低減してよい．

$$l_0 \geqq l_d \cdot (A_{sc}/A_s), \quad \text{ただし}, \quad l_0 \geqq l_d/3, \ l_0 \geqq 10\phi \tag{8.2}$$

ここに，ϕ：鉄筋の直径．

2．定着部に屈局部がある場合には，

① 曲げ内半径が 10ϕ 以上の場合は，折り曲げた部分も含めて鉄筋の全長を有効とする．

② 曲げ内半径が 10ϕ 未満の場合は，折り曲げてから 10ϕ 以上まっすぐに延ばしたときに限り，その直線部分だけを有効とする．

3．引張鉄筋は，引張応力を受けないコンクリートに定着するのを原則とする．ただし，次の①または②のいずれかを満足する場合には引張応力を受けるコンクリートに定着してもよいが，この場合引張鉄筋は計算上不要となる断面から $[l_d + d]$ だけ余分に延ばさなければならない．

① 計算上不要となる断面から鉄筋切断点までの区間では，設計せん断耐力が設計せん断力の 1.5 倍以上あること．

② 鉄筋切断部での連続鉄筋による設計曲げ耐力が設計曲げモーメントの 2 倍以上あり，かつ，計算上不要となる断面から切断点までの区間で，設計せん断耐力が設計せん断力の 4/3 倍以上あること．

4．スラブまたははりの正鉄筋を端支点を超えて定着する場合，その鉄筋は支承の中心から d だけ離れた断面位置の鉄筋応力に対する定着長 l_0 以上を支承の中心からとり，さらに部材端まで延ばすものとする．

5．折曲鉄筋をコンクリートの圧縮部に定着する場合の定着長は，フックを設けないときは 15ϕ 以上，フックを設けるときは 10ϕ 以上とする．ここに，ϕ は鉄筋直径である．

❹ 基本定着長

1．引張鉄筋の**基本定着長** l_d は，次式から求める．ただし，$l_d \geqq 20\phi$ とする．

$$l_d = \alpha \frac{f_{yd}}{4 f_{bod}} \cdot \phi \tag{8.3}$$

ここに，ϕ：主鉄筋の直径．f_{yd}：鉄筋の設計引張降伏強度．f_{bod}：コンクリートの設計付着強度で，$\gamma_c = 1.3$ として式 (2.3) の f_{bok} から求めてよい．ただし，$f_{bod} \leqq 3.2\,\text{N/mm}^2$．

$$\alpha = \begin{cases} 1.0 & (k_c \leqq 1.0) \\ 0.9 & (1.0 < k_c \leqq 1.5) \\ 0.8 & (1.5 < k_c \leqq 2.0) \\ 0.7 & (2.0 < k_c \leqq 2.5) \\ 0.6 & (k_c > 2.5) \end{cases}$$

$$k_c = \frac{c}{\phi} + \frac{15 A_t}{s\phi}$$

c：主鉄筋の下側のかぶりの値と，定着する鉄筋のあきの 1/2 の値のうち小さい方の値．A_t：仮定される割裂破壊断面に垂直な横方向鉄筋の断面積．s：横方向鉄筋の中心間隔．

2．定着される鉄筋が，コンクリート打設面から 300 mm の深さよりも上方の位置で，かつ，水平から 45° 以内の角度で配置されるときは，式 (8.3) から求まる l_d の 1.3 倍を基本定着長とする．

3．圧縮鉄筋の基本定着長は，**1**．，**2**．から求まる l_d の 0.8 倍とする．

4．引張鉄筋に標準フックを設ける場合には，l_d から 10ϕ だけ減じてよいが，基本定着長は少なくとも 20ϕ 以上とするのがよい．

8.5 鉄筋の継手

❶ 一 般

1．継手位置は，応力の大きい断面をできるだけ避けて決める．

2．継手は同一断面に集めない．継手位置を軸方向に相互にずらす距離は，$[l + 25\phi]$ か $[l + h]$ のうち大きい方の値以上を標準とする（l：継手長さ，h：部材高さ）．継手位置をずらすのは，弱点を分散させることと，コンクリートのゆきわたりをよくするためである．

3．継手部におけるあきは，粗骨材の最大寸法以上とする．配筋後に施工する継手については，継手施工用の機器を挿入できるあきを確保しておく必要がある．

4．継手部のかぶりは，8.2-❶-(**2**) に従って確保する．継手部にスターラップや帯鉄筋があるときは，それらのかぶりが上記規定を満足するようにしなけ

❷ 重ね継手

(1) 一　般

　重ね継手は，図8.13に示すように2本の鉄筋を所定長さ以上重ね合わせ，数箇所を結束線でゆわえるだけの簡単な継手で，重ね合わせ部の鉄筋とコンクリートとの付着力のみによって鉄筋が連結される．施工が簡単で安価であることから，継手として多用されている．しかし，継手部へのコンクリートのゆきわたりが悪かったり，コンクリートの材料分離が生じたりすると，継手の強度が大きく低下するので，入念に施工することが肝要である．

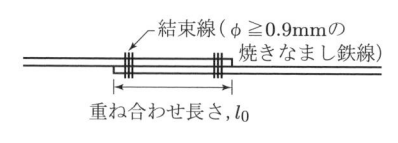

図 8.13　重ね継手

(2) 軸方向鉄筋の重ね継手

 1. 実際に配置する鉄筋量が計算上必要な鉄筋量の2倍以上で，かつ，同一断面での継手の割合が1/2以下の場合には，重ね継手の重ね合わせ長さは基本定着長 l_d 以上とする．
 2. 1. の条件のうち一方が満足されない場合には，重ね合わせ長さは $1.3l_d$ 以上とし，継手部を横方向鉄筋などで補強しなければならない．
 3. 1. の条件の両方が満足されない場合には，重ね合わせ長さは $1.7l_d$ 以上とし，継手部を横方向鉄筋などで補強しなければならない．
 4. 低サイクル疲労を受ける場合には，重ね合わせ長さは $1.7l_d$ 以上として端部にフックを設けるとともに，継手部をらせん鉄筋，連結用補強金具などで補強しなければならない．
 5. 重ね継手の重ね合わせ長さは，20ϕ 以上とする．
 6. 重ね継手部の帯鉄筋，中間帯鉄筋およびフープ鉄筋の間隔は，100 mm以下とする．
 7. 水中コンクリート構造物における重ね継手の重ね合わせ長さは，40ϕ 以上とする．

(3) スターラップの重ね継手

スターラップの重ね継手は，重ね合わせ長さを $2l_d$ 以上とするか，または重ね合わせ長さを l_d 以上として端部に直角フックまたは鋭角フックを設ける．重ね継手の位置は，圧縮域またはその近くにしなければならない．

8.6 用心鉄筋の配置

(1) 一 般

コンクリート構造物には，作用荷重のほかコンクリートの収縮や温度変化によって引張応力が生じたり，それによって露出面にひび割れが生じたりすることがある．しかし，このような応力をあらかじめ計算することは一般に困難であるため，そのような部分には適宜補強鉄筋を配置する．このような補強鉄筋を，**用心鉄筋**という．

(2) 露出面の用心鉄筋

コンクリートの収縮，温度変化などによる有害なひび割れの発生を防ぎ，またもしひび割れが生じた場合にはその引張応力を受け持たせるため，広い露出面を有するコンクリートには，露出面近くに用心鉄筋を配置する．用心鉄筋は，小径の鉄筋を小間隔に配置するのがよい．

擁壁などでは，壁の露出面近くに壁高 $1\,\mathrm{m}$ あたり $500\,\mathrm{mm}^2$ 以上の鉄筋を $300\,\mathrm{mm}$ 以下の間隔で配置するのがよい（図 8.14）．

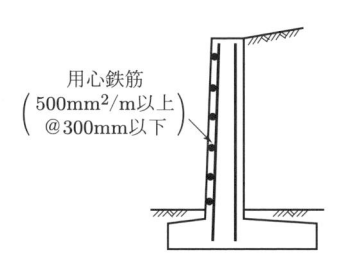

図 **8.14** 擁壁の用心鉄筋

(3) 集中反力を受ける部分の用心鉄筋

連続ばりの中間支点や柱の下端部など大きな集中反力が作用する部分や断面が急変する部分などでは，応力集中が生じてひび割れが生じやすい．しかし，このような部分の応力を計算で求めるのは困難であるので，既設構造物における

ひび割れ状況などを参考にして用心鉄筋を配置する（図 8.15）．

(4) 開口部の用心鉄筋

スラブや壁などの開口部付近は，応力集中などによってひび割れが生じやすいので，開口部周辺には用心鉄筋を配置する．配筋の一例を図 8.16 に示すが，これらの用心鉄筋も補強の対象とする区間の外側に，十分な定着長をとらなければならない．

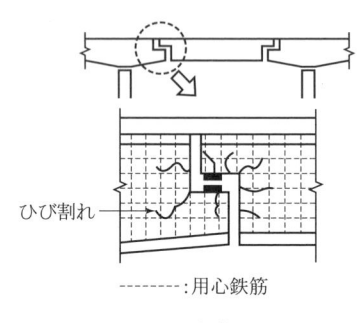

図 8.15 反力集中部の用心鉄筋例

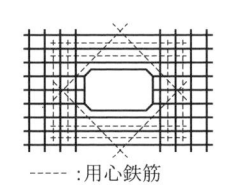

図 8.16 開口部付近の用心鉄筋

8.7 打継目および伸縮目地

1 打継目

打継目は，一般に作用せん断力が小さいところに，コンクリートが受ける圧縮力と直角の方向に設けるのがよい．

打継目は，鉄筋防食上の弱点となりやすいので，腐食性物質が浸透しやすい位置には設けないのがよい．

2 伸縮目地

擁壁の壁体部，ボックスカルバートの側壁部などでは，フーチングや壁体内部の水平鉄筋の拘束作用により，温度や湿度の変化に伴う自由な伸縮が防げられるために，大きな引張応力が生じてひび割れが発生することがある．**伸縮目地**はそのような引張応力を解放して，ひび割れを生じさせないために設けるものであるから，構造物の伸縮をできるだけ自由にさせうるようにその位置と構

造を定め，設計図に明示する．

8.8 面取りおよびハンチ

1 面取り

コンクリート部材のかどは，凍害を受けたり，物がぶつかったときに壊れやすいので，面取りをして損傷を防ぐ．特に寒冷地や気象作用の厳しいところでは大きな面取りをつけることが望ましい（図 8.17）．

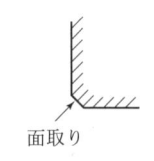

図 8.17 面取り

2 ハンチ

ラーメンの部材接合部，固定スラブおよび固定ばりの支承部，連続スラブおよび連続ばりの支承部などは応力集中を受けやすい箇所であるので，ハンチを設けるのがよい．ハンチ部分の断面の検討における部材の有効高さにはハンチを考慮してもよいが，一般にハンチのうち 1:3 の傾きの内側部分を有効とする．

8.9 その他

1 水密構造

水密性が重要な構造物では，有害なひび割れの発生を防ぐように，配筋，打継目および伸縮目地の位置や間隔を定めなければならない．

2 排水工および防水工

1. 水に接する構造物では，必要に応じて排水工および防水工について考慮しなければならない．
2. 防水工は，水圧を直接受ける面に設けるのを原則とする．

3 コンクリート表面の保護

すりへり，劣化，衝撃などの激しい作用を受ける部分を耐久的にするためには，適切な材料でコンクリートの表面を保護しなければならない．

演 習 問 題

1. 一般の環境下で，異形鉄筋 D32 を用いてはりを造る場合の，最小かぶりはいくらか．
2. 粗骨材の最大寸法 25 mm のコンクリートと D29 鉄筋を用いるはりの水平あきはいくら以上とすればよいか．
3. 異形鉄筋 SD295 の D25 の軸方向鉄筋にフックを設けるとき，曲げ内半径はいくら以上とすればよいか．
4. 図 8.18 に示す断面の帯鉄筋柱において，さらに最小限必要とする中間帯鉄筋を描き入れよ．
5. 図 8.19 に示す断面の単純ばりの場合，途中で曲げ上げずに支点を超えて延ばさなければならない鉄筋の本数は何本以上か．
6. 図 8.20 に示す断面のはりの，軸方向鉄筋の基本定着長を求めよ．ただし，$f'_{ck} = 24\,\text{N/mm}^2$ とする．
7. 前問において，計算上必要とする鉄筋量が 4-D22 であるとき，定着長はいくら以上とすればよいか．

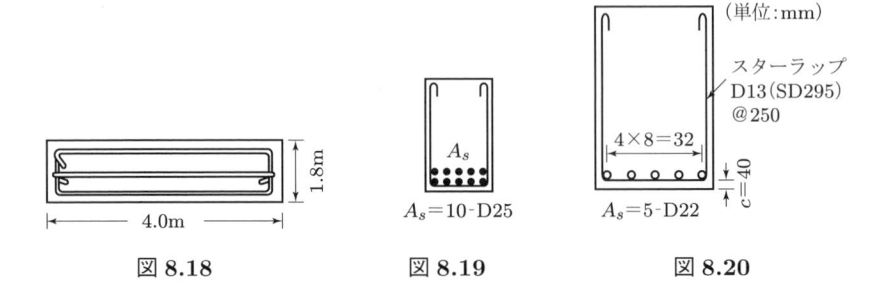

図 8.18

図 8.19

図 8.20

演 習 問 題 略 解

[4章]

1. $\sigma'_c = 7.3\,\text{N/mm}^2$, $\sigma_s = 150\,\text{N/mm}^2$.
2. $M_r = 109\,\text{MN}\cdot\text{mm}$.
3. $\sigma'_c = 7.8\,\text{N/mm}^2 < \sigma'_{ca} = 9.0\,\text{N/mm}^2$, $\sigma_s = 156\,\text{N/mm}^2 < \sigma_{sa} = 180\,\text{N/mm}^2$ であるから，曲げ応力度に関して安全である．
4. $\sigma'_c = 6.6\,\text{N/mm}^2 < \sigma'_{ca} = 8.0\,\text{N/mm}^2$, $\sigma_s = 121\,\text{N/mm}^2 < \sigma_{sa} = 140\,\text{N/mm}^2$ であるから，曲げ応力度に関して安全である．
5. $d = 670\,\text{mm}$, $A_s = 10\text{-D19}$.
6. $d = 900\,\text{mm}$, $A_s = 5\text{-D29}$.
7. $\sigma'_c = 6.4\,\text{N/mm}^2$, $\sigma_s = 174\,\text{N/mm}^2$, $\sigma'_s = 58\,\text{N/mm}^2$.
8. $M_r = 113\,\text{MN}\cdot\text{mm}$.
9. 例えば，$A'_s = 3\text{-D19}$, $A_s = 5\text{-D25}$.
10. $\sigma'_c = 6.6\,\text{N/mm}^2$, $\sigma_s = 140\,\text{N/mm}^2$.
11. $M_r = 1200\,\text{MN}\cdot\text{mm}$.
12. $\tau = 0.38\,\text{N/mm}^2$.
13. $\tau_m = 0.32\,\text{N/mm}^2 < \tau_{ma} = 0.42\,\text{N/mm}^2$（表 4.7）であるから，せん断補強鉄筋を計算する必要はない．
14. $\tau_m = 0.76\,\text{N/mm}^2$．これは，せん断補強鉄筋の計算を必要とする値である．
15. $\tau = 0.37\,\text{N/mm}^2$, $\tau_m = 0.33\,\text{N/mm}^2$.
16. $\tau_o = 1.29\,\text{N/mm}^2$.
17. $\tau_o = 0.73\,\text{N/mm}^2 < \tau_{oa} = 1.60\,\text{N/mm}^2$ であるから，付着応力度に関して安全である．
18. $\tau_p = 0.85\,\text{N/mm}^2 < \tau_{pa} = 0.95\,\text{N/mm}^2$（表 4.2）であるから，押抜きせん断応力度に関して安全である．
19. $P_{\max} = 263\,\text{kN}$.
20. 1) $A_s = A'_s = 1192\,\text{mm}^2$, $y_1 = y_2 = 300\,\text{mm}$, $A_i = 3.96 \times 10^5\,\text{mm}^2$, $I_i = 1.27 \times 10^{10}\,\text{mm}^4$, $k_1 = k_2 = 107\,\text{mm}$.
    $e = M/N = 107\,\text{mm}$．$k_1 = k_2 = e$ であるから，N' 作用点はコア境界上である．
    2) $\sigma_c = 4.7\,\text{N/mm}^2$, $\sigma'_c = 0$, $\sigma'_s = 63\,\text{N/mm}^2$, $\sigma_s = 8\,\text{N/mm}^2$.

[5章]

1. $M_u = 994\,\text{MN}\cdot\text{mm}$.
2. $M_u = 994\,\text{MN}\cdot\text{mm} > M_{UL} = 810\,\text{MN}\cdot\text{mm}$ であるので，このはりは所要の曲げ破壊安全度を有する．

3. $M_u = 1282\,\text{MN}\cdot\text{mm} > M_{UL} = 1212\,\text{MN}\cdot\text{mm}$. このはりは，所要の曲げ破壊安全度を有する．
4. $0.0143 < \bar{p} = 0.0198 < 0.0386$ で，引張・圧縮両鉄筋とも降伏している．$M_u = 548\,\text{MN}\cdot\text{mm}$．
5. 引張鉄筋は降伏するが，圧縮鉄筋は降伏しない．
   $a/d = 0.190$, $\sigma'_s = 239\,\text{N/mm}^2$, $M_u = 562\,\text{MN}\cdot\text{mm}$．
6. 1) $a = 173\,\text{mm} > t = 160\,\text{mm}$ よって，T 形断面．$A_{sf} = 5595\,\text{mm}^2$, $a = 190\,\text{mm}$, $M_u = 3551\,\text{MN}\cdot\text{mm}$．
   2) $M_{UL} = 1.3M_d + 2.5M_{l+i} = 3232\,\text{MN}\cdot\text{mm}$, $1.7(M_d + M_{l+i}) = 2720\,\text{MN}\cdot\text{mm}$. $M_u = 3551\,\text{MN}\cdot\text{mm} > M_{UL} = 3232\,\text{MN}\cdot\text{mm}$ ゆえ，この T 桁は所要の曲げ破壊安全度を有する．
7. $V_{UL} = 373\,\text{kN}$, $\tau_m = 1.04\,\text{N/mm}^2 < \tau_{m,\max} = 3.2\,\text{N/mm}^2$．
   ゆえに，終局荷重作用時の平均せん断応力度に関して安全である．
8. $\bar{p} = 0.0054$, $N'_{0u} = 5520\,\text{kN}$, $d_c = 236\,\text{mm}$, $p_b = 0.0381$, $a_b = 308\,\text{mm}$.
   $N'_b = 1893\,\text{kN}$, $M_p = 650\,\text{MN}\cdot\text{mm}$, $e_p = 343\,\text{mm}$, $e = 500\,\text{mm}$, $e' = e + d_c = 736\,\text{mm}$．$e > e_b$ なので，引張破壊となる．
   $a/d = 0.397$, $\sigma'_s = 572\,\text{N/mm}^2 > \sigma'_{sy} = 300\,\text{N/mm}^2$ で，A'_s は降伏している．
   $N_u = 1250\,\text{kN}$, $M_u = 623\,\text{MN}\cdot\text{mm}$．

[6 章]
1. $M_{ud} = 853\,\text{MN}\cdot\text{mm}$．
2. $M_{ud} = 106\,\text{MN}\cdot\text{mm}$．
3. $M_d = 94.9\,\text{MN}\cdot\text{mm}$, $M_{ud} = 344.7\,\text{MN}\cdot\text{mm}$, $M_{ud}/M_d = 3.6 > \gamma_i = 1.1$，よって，このはりは曲げ破壊に対して安全である．
4. $0.0158 < \bar{p} = 0.0174 < 0.0894$ で，引張・圧縮両鉄筋とも降伏している．$M_{ud} = 223\,\text{MN}\cdot\text{mm}$．
5. 圧縮鉄筋は降伏しない．$a/d = 0.263$, $\sigma'_s = 323\,\text{N/mm}^2 < f'_{yd} = 350\,\text{N/mm}^2$. $M_{ud} = 226\,\text{MN}\cdot\text{mm}$．
6. $M_d = 202\,\text{MN}\cdot\text{mm}$, 前問より $M_{ud} = 226\,\text{MN}\cdot\text{mm}$．
   $M_{ud}/M_d = 1.12 > \gamma_i = 1.0$ よって，このはりは曲げ破壊に対して安全である．
7. $M_{ud} = 3403\,\text{MN}\cdot\text{mm}$, ウェブの鉄筋比 $p_w = 0.0100 < 0.75p_b = 0.0201$ で，所要の条件を満足している．
8. 図 6.45 (a) は，同図 (b) の T 形である．$M_{ud} = 1767\,\text{MN}\cdot\text{mm}$, ウェブの鉄筋比は $p_w = 0.0113 < 0.75p_b = 0.0180$ で，所要の条件を満足している．
9. $N'_{ou} = 3677\,\text{kN}$, $d_c = 216\,\text{mm}$, $a_b = 302\,\text{mm}$, $N'_d = 1055\,\text{kN}$, $M_b = 440\,\text{MN}\cdot\text{mm}$. $e_b = 417\,\text{mm}$, $e = M/N' = 500\,\text{mm} > e_b$, $e' = d - \dfrac{h}{2} + e = 740\,\text{mm}$．
   $a/d = 0.466$, $\sigma'_s = 567\,\text{N/mm}^2 > f'_{yd} = 300\,\text{N/mm}^2$．
   $N'_u = 819\,\text{kN}$, $M_u = 429\,\text{MN}\cdot\text{mm}$．
10. $N'_d = 5544\,\text{kN}$, $N'_{oud} = 6150\,\text{kN}$．

$N'_{oud}/N'_d = 1.11 > \gamma_i = 1.0$ よって，この柱は軸方向圧縮破壊に対して安全である．

11. $V_{cd} = 139\,\text{kN}$.
12. $\sigma'_c = 3.0\,\text{N/mm}^2$, $M_o = \dfrac{I\sigma'_c}{y} = 127 \times 10^6\,\text{N}\cdot\text{mm}$, $\beta_n = 1 + \dfrac{M_o}{M_d} = 1.705$.
    $V_{cd} = 273\,\text{kN}$.
13. $V_d = 221\,\text{kN}$. $V_{cd} = 134\,\text{kN}$, $V_{sd} = 167\,\text{kN}$, $V_{yd} = 301\,\text{kN}$. $V_{yd}/V_d = 1.36 > \gamma_i = 1.2$，よって，このはりはせん断破壊に対して安全である．
14. $V_d = 2880\,\text{kN}$, $V_{pcd} = 3250\,\text{kN}$, $V_{pcd}/V_d = 1.19 < \gamma_i = 1.15$.
    よって，このフーチングは押抜きせん断破壊に対して安全でない（対策として，① d を増す，② A_s を増す，などが考えられる．例えば，$d_1 = 1000\,\text{mm}$, $d_2 = 970\,\text{mm}$ に変更すれば，$V_{pcd} = 3440\,\text{kN}$ となり，$V_{pcd}/V_d = 1.19 > \gamma_i = 1.15$ となって，破壊に対して安全となる）．
15. $\sigma'_c = 8.7\,\text{N/mm}^2$, $\sigma_s = 144\,\text{N/mm}^2$.
16. $E_c = 28\,\text{kN/mm}^2$, $n = 7.14$, $x = 132\,\text{mm}$. $\sigma'_c = 9.7\,\text{N/mm}^2$, $\sigma_s = 109\,\text{N/mm}^2$, $\sigma'_s = 38\,\text{N/mm}^2$.
17. $M_p + \dfrac{1}{2}M_r = 95\,\text{MN}\cdot\text{mm}$ による鉄筋応力度は，$\sigma_{se} = 108\,\text{N/mm}^2$, $k_1 = 1.0$, $k_2 = 1.090$, $k_3 = 1.0$, $\varepsilon'_{csd} = 150 \times 10^{-6}$ とすると，$w = 0.19\,\text{mm}$, $w_a = 0.004c = 0.19\,\text{mm}$. $w = 0.19\,\text{mm} = w_a = 0.19\,\text{mm}$ よって，このはりはひび割れ幅に関して安全である．
18. $V_{cd} = 132\,\text{kN}$, $0.7V_{cd} = 92\,\text{kN}$.
    $V_d = 80\,\text{kN} < 0.7V_{cd} = 92\,\text{kN}$ であるので，せん断ひび割れの検討は不要である．

[7 章]

6. $\mu_a = 5.63$, $c_s = 0.312$, $C_z = 1.0$, $k_{hc0} = 2.0$. $k_{hc} = 0.63$.

[8 章]

2. ① $c \geqq 20\,\text{mm}$, ② $c \geqq 25 \times 4/3 = 27\,\text{mm}$, ③ $c \geqq \phi = 25\,\text{mm}$, $\therefore c \geqq 27\,\text{mm}$.
6. $k_c = 1.72$ なので $\alpha = 0.8$, $l_d = 574\,\text{mm}$, $\therefore l_d \geqq 574\,\text{mm}$.
7. $0.8 \times 574 = 459\,\text{mm}$, $l_d \geqq 459\,\text{mm}$.

付表1　丸鋼の断面積 (mm^2)

径 (mm) \ 本数	1	2	3	4	5	6	7	8	9	10
6	28.3	56.5	84.8	113.1	141.4	169.6	197.9	226	254	283
8	50.3	100.5	150.8	201	251	302	352	402	452	503
9	63.6	127.2	190.9	254	318	382	445	509	573	636
12	113.1	226	339	452	565	679	792	905	1018	1131
13	132.7	265	398	531	664	796	929	1062	1194	1327
16	201	402	603	804	1005	1207	1408	1609	1810	2011
19	283	567	850	1134	1417	1701	1984	2268	2551	2835
22	380	760	1140	1520	1900	2281	2661	3041	3421	3801
25	491	982	1473	1964	2454	2945	3436	3927	4418	4909
28	616	1232	1847	2463	3079	3695	4311	4926	5542	6158
32	804	1608	2413	3217	4021	4825	5629	6434	7238	8042

付表2　丸鋼の周長 (mm)

径 (mm) \ 本数	1	2	3	4	5	6	7	8	9	10
6	18.85	37.7	56.6	75.4	94.3	113.1	132.0	150.8	169.7	188.5
8	25.13	50.3	75.4	100.5	125.7	150.8	175.9	201.1	226.2	251.3
9	28.28	56.5	84.8	113.1	141.4	169.6	197.9	226.2	254.5	282.7
12	37.70	75.4	113.1	150.8	188.5	226.2	263.9	301.6	339.3	377.0
13	40.84	81.7	122.5	163.4	204.2	245.0	286.0	326.7	367.6	408.4
16	50.27	100.5	150.8	201.1	251.3	301.6	351.9	402.1	452.4	502.7
19	59.69	119.4	179.1	238.8	298.5	358.1	417.8	477.5	537.2	596.9
22	69.12	138.2	207.3	276.5	345.6	414.7	483.8	552.9	622.0	691.2
25	78.54	157.1	235.6	314.2	329.7	471.2	549.8	628.3	706.9	785.4
28	87.97	175.9	263.9	351.9	439.8	527.8	615.8	703.7	791.7	879.7
32	100.53	201.1	301.6	402.1	502.7	603.2	703.7	804.2	904.8	1005.3

※　付表1～4は，JIS G 3112「鉄筋コンクリート棒鋼」の規格から，必要最小限の数値を引用して作表した．

付　表　193

付表 3　異形棒鋼の断面積 (mm²)

呼び名	公称径(mm)	1	2	3	4	5	6	7	8	9	10
D6	6.35	31.67	63.3	95.0	126.7	158.3	190.0	222	253	285	317
D10	9.53	71.33	142.7	214	285	357	428	499	571	642	713
D13	12.7	126.7	253	380	507	633	760	887	1014	1140	1267
D16	15.9	198.6	397	596	794	993	1192	1390	1589	1787	1986
D19	19.1	286.5	573	859	1146	1432	1719	2005	2292	2578	2865
D22	22.2	387.1	774	1161	1548	1935	2323	2710	3097	3484	3871
D25	25.4	506.7	1013	1520	2027	2533	3040	3547	4054	4560	5067
D29	28.6	642.4	1285	1927	2570	3212	3854	4497	5139	5782	6424
D32	31.8	794.2	1588	2383	3177	3971	4765	5559	6354	7148	7942
D35	34.9	956.6	1913	2870	3826	4783	5740	6696	7653	8609	9566
D38	38.1	1140	2280	3420	4560	5700	6840	7980	9120	10260	11400
D41	41.3	1340	2680	4020	5360	6700	8040	9380	10720	12060	13400
D51	50.8	2027	4054	6081	8108	10135	12162	14189	16216	18243	20270

付表 4　異形棒鋼の周長 (mm)

呼び名	1	2	3	4	5	6	7	8	9	10
D6	20	40	60	80	100	120	140	160	180	200
D10	30	60	90	120	150	180	210	240	270	300
D13	40	80	120	160	200	240	280	320	360	400
D16	50	100	150	200	250	300	350	400	450	500
D19	60	120	180	240	300	360	420	480	540	600
D22	70	140	210	280	350	420	490	560	630	700
D25	80	160	240	320	400	480	560	640	720	800
D29	90	180	270	360	450	540	630	720	810	900
D32	100	200	300	400	500	600	700	800	900	1000
D35	110	220	330	440	550	660	770	880	990	1100
D38	120	240	360	480	600	720	840	960	1080	1200
D41	130	260	390	520	650	780	910	1040	1170	1300
D51	160	320	480	640	800	960	1120	1280	1440	1600

付表 5　単鉄筋長方形ばりの k, j の値

p	k	j	p	k	j	p	k	j
0.0010	0.159	0.947	0.0072	0.369	0.877	0.0134	0.464	0.845
0.0012	0.173	0.943	0.0074	0.373	0.876	0.0136	0.467	0.845
0.0014	0.185	0.938	0.0076	0.377	0.874	0.0138	0.469	0.844
0.0016	0.196	0.935	0.0078	0.381	0.873	0.0140	0.471	0.843
0.0018	0.207	0.931	0.0080	0.384	0.872	0.0142	0.474	0.842
0.0020	0.217	0.928	0.0082	0.388	0.871	0.0144	0.476	0.841
0.0022	0.226	0.925	0.0084	0.392	0.870	0.0146	0.478	0.841
0.0024	0.235	0.922	0.0086	0.395	0.868	0.0148	0.480	0.840
0.0026	0.243	0.919	0.0088	0.399	0.867	0.0150	0.483	0.839
0.0028	0.251	0.916	0.0090	0.402	0.866	0.0152	0.485	0.838
0.0030	0.258	0.914	0.0092	0.405	0.865	0.0154	0.487	0.838
0.0032	0.266	0.912	0.0094	0.408	0.864	0.0156	0.489	0.837
0.0034	0.272	0.909	0.0096	0.412	0.863	0.0158	0.491	0.836
0.0036	0.279	0.907	0.0098	0.415	0.862	0.0160	0.493	0.836
0.0038	0.285	0.905	0.0100	0.418	0.861	0.0162	0.495	0.835
0.0040	0.292	0.903	0.0102	0.421	0.860	0.0164	0.497	0.834
0.0042	0.298	0.901	0.0104	0.424	0.859	0.0166	0.499	0.834
0.0044	0.303	0.899	0.0106	0.427	0.858	0.0168	0.501	0.833
0.0046	0.309	0.897	0.0108	0.430	0.857	0.0170	0.503	0.832
0.0048	0.314	0.895	0.0110	0.433	0.856	0.0172	0.505	0.832
0.0050	0.320	0.894	0.0112	0.436	0.855	0.0174	0.507	0.831
0.0052	0.325	0.892	0.0114	0.438	0.854	0.0176	0.509	0.830
0.0054	0.330	0.890	0.0116	0.441	0.853	0.0178	0.511	0.830
0.0056	0.334	0.889	0.0118	0.444	0.852	0.0180	0.513	0.829
0.0058	0.339	0.887	0.0120	0.446	0.851	0.0182	0.515	0.828
0.0060	0.344	0.885	0.0122	0.449	0.850	0.0184	0.517	0.828
0.0062	0.348	0.884	0.0124	0.452	0.850	0.0186	0.518	0.827
0.0064	0.353	0.883	0.0126	0.454	0.849	0.0188	0.520	0.827
0.0066	0.357	0.881	0.0128	0.457	0.848	0.0190	0.522	0.826
0.0068	0.361	0.880	0.0130	0.459	0.847	0.0192	0.524	0.825
0.0070	0.365	0.878	0.0132	0.462	0.846	0.0194	0.526	0.825

付表6 単鉄筋長方形つり合い断面算定用係数

σ_{ca}' (N/mm²) \ σ_{sa} (N/mm²)	100			140			157			176		
	C_1	C_2	k_0	C_1	C_2	k_0	C_1	C_2	k_0	C_1	C_2	k_0
7	0.820	0.01470	0.512	0.881	0.00945	0.429	0.906	0.00811	0.402	0.934	0.00695	0.374
8	0.794	0.01633	0.545	0.800	0.01056	0.462	0.821	0.00907	0.433	0.845	0.00777	0.405
9	0.692	0.01788	0.574	0.736	0.01159	0.491	0.754	0.01001	0.462	0.774	0.00860	0.434
10	0.645	0.01937	0.600	0.684	0.01262	0.517	0.699	0.01087	0.489	0.716	0.00936	0.460
11	0.607	0.02079	0.623	0.640	0.01361	0.541	0.654	0.01173	0.512	0.669	0.01014	0.484
12	0.574	0.02216	0.643	0.604	0.01457	0.563	0.616	0.01235	0.534	0.630	0.01806	0.506
13	0.546	0.02348	0.661	0.573	0.01547	0.582	0.584	0.01338	0.554	0.595	0.01155	0.527
14	0.522	0.02475	0.677	0.546	0.01637	0.600	0.556	0.01417	0.572	0.566	0.01226	0.544

σ_{ca}' (N/mm²) \ σ_{sa} (N/mm²)	180			196			206		
	C_1	C_2	k_0	C_1	C_2	k_0	C_1	C_2	k_0
7	0.941	0.00672	0.368	0.962	0.00601	0.349	0.953	0.00560	0.338
8	0.849	0.00754	0.400	0.868	0.00673	0.380	0.880	0.00628	0.368
9	0.805	0.00833	0.429	0.794	0.00745	0.408	0.804	0.00694	0.396
10	0.720	0.00910	0.455	0.734	0.00812	0.434	0.743	0.00761	0.421
11	0.673	0.00984	0.478	0.685	0.00880	0.457	0.692	0.00823	0.445
12	0.633	0.01053	0.500	0.644	0.00943	0.479	0.649	0.00883	0.466
13	0.598	0.01123	0.520	0.608	0.01007	0.499	0.615	0.00944	0.486
14	0.569	0.01191	0.538	0.578	0.01067	0.517	0.583	0.01001	0.505

索　引

あ　行

圧縮鉄筋　37, 117
アーム長　30
アーム長比　31
安全係数　106
安全性の照査　20, 113, 128, 134
安全率　4, 20
異形棒鋼　3, 13
ウェブ　42
打継目　186
永久荷重　15
鉛直スターラップ　92
応答塑性率　152
応答変位　153
応力－ひずみ関係　77, 78, 111, 112
応力－ひずみ曲線　9, 14
押抜きせん断　71
押抜きせん断応力度　72
押抜きせん断破壊　71
帯鉄筋　127
帯鉄筋の継手　160
帯鉄筋柱　127
折曲鉄筋　53
温度変化の影響　17

か　行

開口部　186
解析モデル　156, 170
重ね継手　184
荷重　15
荷重係数　4, 5, 76, 105
荷重係数設計法　4, 76
荷重の設計値　78, 113

風荷重　17
加速度応答スペクトル　162
活荷重　16
かぶり　174
慣性力　162
基本定着長　181, 182
許容応力度　4
許容応力度設計法　4, 20
許容応力度の割増し　24
許容押抜きせん断応力度　25
許容支圧応力度　23, 26
許容軸圧縮応力度　25
許容せん断応力度　22
許容ひび割れ幅　141
許容付着応力度　23, 25
許容変位・変形量　147
許容曲げ圧縮応力度　22, 25
偶発荷重　15
クリープ係数　11, 112
限界状態　109
限界状態設計法　5, 105
コ　ア　63
公称荷重　15, 28
構造解析係数　5, 106
構造細目　157, 171, 174
構造物係数　5, 106
降伏変位　153, 156
骨材のかみ合わせ作用　131
コンクリートの許容応力度　21
コンクリートの収縮ひずみ　11
コンクリートの設計強度　111
コンクリートのせん断弾性係数　10
コンクリートの熱膨張係数　11

索　引　　**197**

コンクリートのヤング係数　10

さ　行

再現期間　153, 155
最小鉄筋量　99
最小量のスターラップ　58
最大鉄筋量　99
材料強度　76, 105
材料係数　5, 105
残留変形　152
支圧強度　9
死荷重　15
軸方向鉄筋の継手　158
軸方向鉄筋の定着　157
軸方向鉄筋のほぞ作用　132
施工時荷重　18
時刻歴応答解析　156, 170
時刻歴加速度波形　154
地震動　154
地震の影響　17, 153
地盤の液状化　167
従荷重　29
終局荷重　55, 78
終局強度　76
終局強度設計法　4, 76
終局限界状態　5, 105
終局つり合い鉄筋比　82
終局変位　153, 156
周　長　13
主荷重　29
主引張応力度　52
使用限界状態　5, 106
静的照査法　167
伸縮目地　186
じん性率　152
水　圧　16
スターラップ　53
正鉄筋　179
設計荷重　18, 20
設計基準強度　7
設計強度　77

設計地震動　152, 161
設計水平震度　167, 168
設計せん断耐力　131
設計せん断力　131
設計断面耐力　114
設計断面力　114
設計曲げ耐力　114, 115, 118, 121
せん断圧縮破壊　131
せん断応力　47
せん断応力度　47
せん断破壊　55
せん断引張破壊　131
せん断ひび割れ　143
せん断補強鉄筋　53, 57
せん断力　47
相互作用図　95
塑性重心　94

た　行

耐震性能　152, 155, 161, 166
耐震設計　152, 161
耐震設計上の地盤種別　163
耐震設計上の地盤面　165
タイプIIの地震動　163
タイプIの地震動　163
高さが変化するはり　45, 51
単位重量　15
弾性設計法　20
単鉄筋　30
単鉄筋T形断面　43, 90, 121
単鉄筋長方形断面　30, 48, 114
短柱　127
断面破壊　113, 128
地域別補正係数　163
中間帯鉄筋　159, 172, 178
中心軸方向圧縮力　127
中立軸　31
中立軸比　31
長柱　127
つり合い断面　35
つり合い鉄筋比　79, 115

つり合い破壊　79
抵抗曲げモーメント　34, 40, 45
デコンプレッションモーメント　133
鉄筋コンクリート用棒鋼　12
鉄筋のあき　175
鉄筋の許容引張応力度　24
鉄筋の設計強度　78
鉄筋の継手　183
鉄筋の定着　179
鉄筋の定着長　181
鉄筋のポアソン比　14
鉄筋の曲げ形状　176
鉄筋のヤング係数　14
鉄筋比　31
土圧　16
等価応力ブロック　80
動的解析　170
動的照査法　170

な 行

斜め引張応力　52
斜め引張鉄筋　53
斜めひび割れ　53
ねじりモーメント　59, 93
熱膨張係数　14

は 行

配合強度　8
破壊抵抗曲げモーメント　80
柱の有効長さ　127
ハンチ　187
引張鉄筋　117
ひび割れ幅　141
標準フック　176
疲労限界状態　109
腹鉄筋　53
複鉄筋断面　37
複鉄筋長方形断面　37, 117
部材係数　5, 106
部材接合部　160
部材の有効高さ　30

ふし　13
付着　1
付着応力　70
付着強度　1, 9
フック　176
負鉄筋　179
フープ鉄筋　127
部分安全係数　5
フランジ　42
平均せん断応力度　26, 55, 57, 77
変位・変形　146
変位・変形量　146
偏心軸方向圧縮力　63, 123
偏心軸方向力　62
変動荷重　15
変動係数　8
細長比　127
ポアソン比　10

ま 行

曲げ圧縮破壊　79
曲げ応力度　28
曲げ耐力　114, 118, 121
曲げ内半径　177
曲げ引張破壊　79
曲げひび割れ強度　9
曲げひび割れ幅　142
丸鋼　2, 13
面取り　187
モーメントシフト　58

や 行

ヤング係数　10, 77, 78, 111, 112
ヤング係数比　28
有限要素　156
雪荷重　18
用心鉄筋　185
横方向鉄筋　159
横方向鉄筋の定着　160

ら 行

らせん鉄筋　127
らせん鉄筋柱　127
リ　ブ　13
流体力　16
レベル 1 地震動　162
レベル 2 地震動　163

欧文先頭

L 荷重　17
SRC　4
T 荷重　17
T 形断面　42, 50, 90

著者略歴

太田 実（おおた・みのる）
　1958 年　信州大学工学部土木工学科卒業
　　　　　旧建設省入省
　1971 年　本州四国連絡橋公団へ出向，設計第一部調査役
　1974 年　建設省土木研究所，コンクリート研究室長
　1979 年　工学博士 (名古屋大学)
　1980 年　金沢工業大学教授，土木工学専攻博士課程担当
　2001 年　金沢工業大学名誉教授
　2015 年　逝去

鳥居 和之（とりい・かずゆき）
　1975 年　金沢大学工学部土木工学科卒業
　1978 年　金沢大学大学院工学研究科土木工学専攻修了
　1996 年　金沢大学工学部土木建設工学科教授
　2004 年　金沢大学大学院自然科学研究科社会基盤工学専攻教授
　　　　　（工学部材料開発研究室室長併任）
　　　　　現在に至る．

宮里 心一（みやざと・しんいち）
　1996 年　東京工業大学大学院理工学研究科土木工学専攻修士課程修了
　1998 年　東京工業大学大学院理工学研究科土木工学専攻博士課程中退
　2001 年　博士 (工学)(東京工業大学)
　2004 年　金沢工業大学環境・建築学部環境土木工学科助教授
　　　　　（2007 年より准教授）
　2011 年　同教授
　　　　　現在に至る．

鉄筋コンクリート工学　　　　　　　Ⓒ 太田・鳥居・宮里　2004

2004 年 12 月 10 日　第 1 版第 1 刷発行　【本書の無断転載を禁ず】
2017 年 5 月 15 日　第 1 版第 3 刷発行

著　者　太田　実・鳥居 和之・宮里 心一
発 行 者　森北 博巳
発 行 所　森北出版株式会社
　　　　　東京都千代田区富士見 1-4-11（〒 102-0071）
　　　　　電話 03-3265-8341 ／ FAX 03-3264-8709
　　　　　http://www.morikita.co.jp/
　　　　　日本書籍出版協会・自然科学書協会　会員
　　　　　JCOPY ＜(社)出版者著作権管理機構 委託出版物＞

落丁・乱丁本はお取替えいたします　　　印刷／太洋社・製本／ブックアート

Printed in Japan ／ ISBN978-4-627-46541-1